# VOCÊ PARECE UMA COISA

# E EU TE AMO

Como a **Inteligência Artificial** funciona e por que está fazendo do mundo um lugar mais estranho

# VOCÊ PARECE UMA COISA E EU TE AMO

**Janelle Shane**

Nomeada uma das 100 pessoas mais criativas nos negócios pela *Fast Company*

ALTA BOOKS
EDITORA
Rio de Janeiro, 2022

# Você Parece Uma Coisa e Eu Te Amo



ISBN: 978-85-508-1540-4



Impresso no Brasil – 1ª Edição, 2022 – Edição revisada conforme o Acordo Ortográfico da Língua Portuguesa de 2009.

Dados Internacionais de Catalogação na Publicação (CIP) de acordo com ISBD

S528v Shane, Janelle

Você parece uma coisa e eu te amo: como a inteligência artificial funciona e por que está fazendo do mundo um lugar mais estranho / Janelle Shane ; traduzido por Daniel Salgado. – Rio de Janeiro : Alta Books, 2022.
272 p. : il. ; 16m x 23cm.

Inclui índice.
ISBN: 978-85-508-1540-4

1. Inteligência artificial. 2. Sistemas de computação. I. Salgado, Daniel. II. Título.

2022-588 CDD 006.3
CDU 007.52

Elaborado por Odilio Hilario Moreira Junior - CRB-8/9949

Índice para catálogo sistemático:
1.! Inteligência artificial 006.3
2.! Inteligência artificial 007.52



**Produção Editorial**
Editora Alta Books

**Diretor Editorial**
Anderson Vieira
anderson.vieira@altabooks.com.br

**Editor**
José Ruggeri
j.ruggeri@altabooks.com.br

**Gerência Comercial**
Claudio Lima
comercial@altabooks.com.br

**Gerência Marketing**
Andrea Guatiello
marketing@altabooks.com.br

**Coordenação Comercial**
Thiago Biaggi

**Coordenação de Eventos**
Viviane Paiva
eventos@altabooks.com.br

**Coordenação ADM/Finc.**
Solange Souza

**Direitos Autorais**
Raquel Porto
rights@altabooks.com.br

**Produtor da Obra**
Thales Silva

**Produtores Editoriais**
Illysabelle Trajano
Larissa Lima
Maria de Lourdes Borges
Paulo Gomes
Thiê Alves

**Equipe Comercial**
Adriana Baricelli
Daiana Costa
Fillipe Amorim
Kaique Luiz
Maira Conceição
Victor Hugo Morais

**Equipe Editorial**
Beatriz de Assis
Brenda Rodrigues
Caroline David
Gabriela Paiva
Henrique Waldez
Mariana Portugal
Marcelli Ferreira

**Marketing Editorial**
Jessica Nogueira
Livia Carvalho
Marcelo Santos
Thiago Brito

## Atuaram na edição desta obra:

**Tradução**
Daniel Salgado

**Copidesque**
Raquel Escobar

**Revisão Gramatical**
Gabriella Araújo
Thamiris Leiroza

**Diagramação**
Catia Soderi

**Capa**
Marcelli Ferreira

Editora **afiliada à:**

ASSOCIADO CBL Câmara Brasileira do Livro

ALTA BOOKS EDITORA

Rua Viúva Cláudio, 291 – Bairro Industrial do Jacaré
CEP: 20.970-031 – Rio de Janeiro (RJ)
Tels.: (21) 3278-8069 / 3278-8419
**www.altabooks.com.br** – altabooks@altabooks.com.br
**Ouvidoria:** ouvidoria@altabooks.com.br

*Para os leitores do meu blog, que riram de toda a tolice, desenharam as criaturas estranhas, avistaram todas as girafas e assaram os biscoitos gerados pela rede neural. Obrigada por suportarem os brownies de rábano.*

*Para minha família, por serem meus maiores fãs.*

# Sumário

# VOCÊ PARECE
# UMA COISA

# E EU
# TE AMO

INTRODUÇÃO

# IA está em todo lugar

Ensinar uma IA a flertar não era realmente o meu tipo de projeto.

Eu certamente já fiz muitos projetos estranhos de IA. No meu blog, *AI Weirdness*, treinei uma IA para criar novos nomes para gatos — o Sr. Tinkles e Retchion foram alguns dos menos bem-sucedidos — e pedi a uma IA para gerar novas receitas, algumas das quais às vezes pediam por "alecrim descascado" ou punhados de vidro quebrado. Mas ensinar uma IA a persuadir humanos era algo completamente diferente.

A IA aprende por meio de exemplo: neste caso, estudando uma lista de cantadas existentes e usando-as para criar novas. O problema: o conjunto de dados de treinamento na tela do meu computador era uma lista de cantadas que eu havia coletado de várias fontes da internet, todas horríveis. Elas iam desde trocadilhos bregas e ruins até insinuações grosseiras. Depois de haver treinado uma IA para imitá-las, ela seria capaz de produzir milhares a mais com o apertar de um botão. E, como uma criança influenciável, ela não saberia o que deveria e não deveria imitar. A IA começaria com uma lousa em branco, sem saber o que são cantadas (nem mesmo o que é inglês) e aprenderia com os exemplos, fazendo o possível para imitar todos os padrões encontrados. Incluindo a grosseria. Ela não saberia discernir.

Pensei em desistir do projeto, mas tinha uma postagem do blog para escrever e havia passado um tempo inconveniente coletando as cantadas de exemplo. Então eu comecei o treinamento. A IA começou a procurar padrões nos exemplos, inventando e testando regras que ajudariam a prever quais letras deveriam aparecer e em qual ordem em uma cantada. Finalmente, o treinamento terminou. Com alguma apreensão, pedi a IA algumas cantadas:

Você deve ser um encontro a três? Porque você é a única coisa aqui.

Ei, querida, você seria a chave? Porque eu posso suportar sua buzinada?

Você é uma vela? Porque você é tão quente da aparência com você.

Você é tão bonita que diz um taco em mim e no bebê.

Você parece uma coisa e eu te amo.

Fiquei surpresa e encantada. O cérebro virtual da IA (com aproximadamente a mesma complexidade que o de uma minhoca) não foi capaz de captar as sutilezas do conjunto de dados, incluindo misoginia ou breguice. Ela fez o seu melhor com os padrões que conseguiu compilar... e chegou a uma solução diferente, sem dúvida melhor, para o problema de fazer um estranho sorrir.

Embora para mim suas cantadas tenham sido um sucesso retumbante, a falta de noção do meu parceiro IA pode ser uma surpresa se o seu conhecimento de IA vier da leitura de notícias ou ficção científica. É comum ver empresas alegando que as IAs são capazes de julgar as nuances da linguagem humana tão bem ou melhor do que os humanos, ou que as IAs em breve poderão substituir os seres humanos na maioria dos empregos. A IA em breve estará em todo lugar, afirmam as notas de imprensa. E estão certos — e muito errados.

De fato, a IA *já* está em todo lugar. Ela molda sua experiência online, determinando os anúncios que você vê e sugerindo vídeos enquanto detecta bots de mídias sociais e sites maliciosos. Empresas usam scanners de currículo com Inteligência Artificial para decidir quais candidatos entrevistar e usam a IA para decidir quem deve ser aprovado para um empréstimo. As IAs em carros autônomos já percorreram milhões de quilômetros (com o ocasional resgate humano durante momentos de confusão). Também colocamos a IA para funcionar em nossos smartphones, reconhecendo nossos comandos de voz, marcando rostos automaticamente em nossas fotos e até aplicando um filtro de vídeo que faz parecer que temos orelhas de coelho incríveis.

Mas também sabemos, por experiência, que a IA do dia a dia não é perfeita, nem de longe. A apresentação de anúncios assombra nossos navegadores com infinitos anúncios de botas que já compramos. Os filtros de spam permitem, ocasionalmente, que um golpe óbvio passe ou acabam filtrando um e-mail crucial no momento mais inoportuno.

À medida que nossas vidas são cada vez mais governadas por algoritmos, as peculiaridades da IA começam a ter consequências muito além do meramente inconveniente. Os algoritmos de recomendação incorporados no YouTube levam as pessoas para um conteúdo cada vez mais polarizador, viajando em poucos cliques das principais notícias para vídeos de grupos de ódio e de teóricos da conspiração. Os algoritmos que tomam decisões sobre liberdade condicional, empréstimos e triagem de currículos não são imparciais, mas podem ser tão preconceituosos quanto os humanos que eles deveriam substituir — às vezes até mais. A vigilância com Inteligência Artificial não pode ser subornada, mas também não pode levantar objeções morais a qualquer coisa que lhe seja solicitada. Também pode cometer erros quando é mal utilizada — ou mesmo quando é hackeada. Pesquisadores descobriram que algo aparentemente tão insignificante quanto um pequeno adesivo pode fazer a IA de reconhecimento de imagem pensar que uma arma é uma torradeira, e um leitor de impressão digital de baixa segurança pode ser enganado mais de 77% das vezes com uma única impressão digital principal.

As pessoas costumam vender a IA como mais capaz do que realmente é, alegando que sua IA pode fazer coisas que estão solidamente no reino da ficção científica. Outros anunciam sua IA como imparcial, mesmo quando seu comportamento é mensuravelmente tendencioso. E, muitas vezes, o que as pessoas afirmam como desempenho de IA é realmente o trabalho de seres humanos por trás da cortina. Como consumidores e cidadãos deste planeta, precisamos evitar ser enganados. Precisamos entender como nossos dados estão sendo usados e entender o que a IA que estamos usando realmente é — e não é.

No *AI Weirdness*, passo meu tempo fazendo experiências divertidas com a IA. Às vezes, isso significa dar às IAs coisas incomuns para imitar — como essas cantadas. Outras vezes, vejo se consigo tirá-las de suas zonas de conforto — como na vez em que mostrei uma imagem do Darth Vader a um algoritmo de reconhecimento de imagem e simplesmente perguntei o que viu: ele declarou que Darth Vader era uma árvore e depois passou a discutir comigo sobre isso. Pelas minhas experiências, descobri que mesmo a tarefa mais simples pode fazer com que uma IA falhe, como se você tivesse feito uma pegadinha. Mas acontece que pregar uma peça em uma IA — dando-lhe uma tarefa e observando-a falhar — é uma ótima maneira de aprender sobre ela.

De fato, como veremos neste livro, o funcionamento interno dos algoritmos de IA geralmente é tão estranho e confuso que olhar para o resultado de uma IA pode ser uma das únicas ferramentas que temos para descobrir o que ela entendeu e o que ela errou terrivelmente. Quando você pede que uma IA desenhe um gato ou escreva uma piada, seus erros são os mesmos tipos de erros cometidos ao processar impressões digitais ou classificar imagens médicas, exceto que é óbvio que algo deu errado quando o gato tem seis pernas e a piada não tem um fim. Além disso, é realmente hilário.

No decorrer das minhas tentativas de tirar as IAs da zona de conforto delas e colocá-las na nossa, pedi para elas escreverem a primeira linha de um romance, reconhecerem ovelhas em lugares incomuns, escreverem receitas, nomearem porquinhos-da-índia e geralmente serem muito esquisitas. Mas, com esses experimentos, você pode aprender muito sobre com o que a IA é boa e o que ela tem dificuldade para fazer — e o que provavelmente não será capaz de fazer no meu tempo de vida ou no seu.

Aqui está o que eu aprendi:

Os cinco princípios da Estranheza da IA:

- O perigo da IA não é de ser inteligente demais, mas de não ser inteligente o suficiente.
- A IA tem a capacidade cerebral aproximada de uma minhoca.
- A IA não entende realmente o problema que você deseja que ela resolva.
- Mas: a IA fará *exatamente* o que você mandar. Ou pelo menos tentará o seu melhor.
- E a IA seguirá o caminho de menor resistência.

Então, vamos entrar no mundo estranho da IA. Vamos aprender o que é IA — e o que não é. Vamos aprender no que ela é boa e em que está fadada ao fracasso. Aprenderemos por que as IAs do futuro podem parecer menos com C-3PO do que com um enxame de insetos. Aprenderemos por que um carro autônomo seria um terrível veículo de fuga durante um apocalipse zumbi. Aprenderemos por que você nunca deve se voluntariar para testar uma IA de seleção de sanduíches e encontraremos IAs ambulantes que preferem fazer qualquer coisa em vez de caminhar. E, por meio de tudo isso, aprenderemos como a IA funciona, como pensa e por que está fazendo do mundo um lugar mais estranho.

CAPÍTULO 1

# O que é IA?

Rápido, IA! Calcule as coordenadas de dobradura para o sistema Bal Panda!
Opa. Tipo errado de IA. Eu sou apenas um cara em uma roupa de robô. Isto é estranho.

Se parece que a IA está em todo lugar, é em parte porque "inteligência artificial" significa muitas coisas, depende se você está lendo ficção científica, ou vendendo um novo aplicativo, ou fazendo pesquisas acadêmicas. Quando alguém diz que tem um chatbot com inteligência artificial, devemos esperar que ele tenha opiniões e sentimentos como o fictício C-3PO? Ou é apenas um algoritmo que aprendeu a adivinhar como os humanos provavelmente responderão a uma determinada frase? Ou uma planilha que combina as palavras da sua pergunta com uma biblioteca de respostas pré-formuladas?

Ou um humano mal pago que digita todas as respostas de algum local remoto? Ou — até — uma conversa completamente escrita, na qual humanos e IA estão lendo frases escritas por humanos como se fossem personagens de uma peça? De maneira confusa, em vários momentos, tudo isso foi referido como IA.

Para os fins deste livro, usarei o termo IA da maneira como é usado hoje, principalmente pelos programadores: para me referir a um estilo específico de programa de computador chamado algoritmo de aprendizado de máquina. Esta lista mostra muitos dos termos que abordarei neste livro e onde eles se enquadram de acordo com essa definição.

**Coisas chamadas de IA**

**Chamada de IA neste livro**

Algoritmos de aprendizado de máquina
Aprendizagem profunda
Redes neurais
Redes neurais recorrentes
Cadeias de Markov
Florestas Aleatórias
Algoritmos genéticos
Rede Contraditória Generativa
Aprendizado por reforço
Texto preditivo
Classificadores de sanduíches mágicos
Bots assassinos infelizes

**Neste livro, mas não é IA**

IAs de ficção científica
Programas baseados em regras
Humanos fantasiados de robô
Robôs lendo roteiros
Humanos contratados para fingir serem IA
Baratas autoconscientes
Girafas fantasmas

Tudo o que eu estou chamando de “IA” neste livro também é um algoritmo de aprendizado de máquina — vamos falar sobre o que é isso.

## TOC, TOC, QUEM É?

Para identificar uma IA selvagem, é importante saber a diferença entre os **algoritmos de aprendizado de máquina** (o que chamamos de IA neste livro) e os programas tradicionais (o que os programadores chamam de **baseado em regras**). Se você já fez uma programação básica ou até se já usou HTML para criar um site, você usou um programa baseado em regras. Você cria uma lista de comandos ou regras em um idioma que o computador possa entender, e o computador faz exatamente o que você diz. Para resolver um problema com um programa baseado em regras, é necessário conhecer todas as etapas necessárias para concluir a tarefa do programa bem como saber descrever cada uma dessas etapas.

Mas um algoritmo de aprendizado de máquina descobre as regras por si próprio via tentativa e erro, avaliando seu sucesso de acordo com os objetivos que o programador especificou. O objetivo pode ser uma lista de exemplos a serem imitados, uma pontuação de jogo a ser aumentada ou qualquer outra coisa. À medida que a IA tenta alcançar esse objetivo, ela pode descobrir regras e correlações que o programador nem sabia que existiam. Programar uma IA é quase como ensinar uma criança, mais do que programar um computador.

### Programação baseada em regras

Digamos que eu queira usar a programação baseada em regras mais habitual para ensinar um computador a contar piadas de toc-toc. A primeira coisa que eu faria seria descobrir todas as regras. Analisaria a estrutura das piadas e descobria que existe uma fórmula básica, como segue:

```
Toc, Toc.
Quem é?
[Nome]
[Nome] quem?
[Nome] [bordão]
```

Depois de definir essa fórmula, há apenas duas inserções livres que o programa pode controlar: [Nome] e [bordão]. Agora, o problema é reduzido a apenas gerar esses dois itens. Mas ainda preciso de regras para gerá-los.

Eu poderia configurar uma lista de nomes válidos e uma lista de bordões válidos, da seguinte maneira:

```
Nomes       Bordões
Alface      -me o favor, está frio aqui fora!
Andy        logo, está frio aqui fora!
Seis        vão me deixar entrar?
Vozes       não vão me deixar entrar?
```

Agora, o computador pode produzir piadas de toc-toc ao escolher um par de nome–bordão da lista e inseri-los no modelo. Isso não cria *novas* piadas, mas só me dá piadas que eu já conheço. Eu posso tentar tornar as coisas interessantes ao permitir que [está frio aqui!] seja substituído por algumas frases diferentes: [estou sendo atacado por enguias!] e [para que eu não me transforme em um horror indescritível]. Então o programa pode gerar uma nova piada:

```
Toc, Toc
Quem é?
Andy.
Andy quem?
Andy logo, estou sendo atacado por enguias!
```

Eu poderia substituir [enguias] por [uma abelha brava] ou [uma raia manta] ou qualquer tipo de coisa. Então eu conseguiria fazer o computador gerar ainda mais piadas novas. Com regras suficientes, eu poderia gerar centenas de piadas.

Dependendo do nível de sofisticação que eu estou buscando, posso gastar muito tempo criando regras mais avançadas. Eu poderia encontrar uma lista de trocadilhos existentes e descobrir uma maneira de transformá-los em formato de bordão. Eu poderia até tentar programar regras de pronúncia, rimas, semi-homófonos, referências culturais e assim por diante na tentativa de fazer com que o computador as recombinasse em trocadilhos interessantes. Se eu for esperta, posso fazer com que o programa gere novos trocadilhos nos quais ninguém jamais pensou. (Embora uma pessoa que já tentou isso descobriu que a lista de provérbios do algoritmo continha palavras e frases tão antigas ou obscuras que quase ninguém conseguiu entender suas piadas.) Não importa quão sofisticadas sejam minhas regras de criação de piadas, eu ainda estou dizendo ao computador exatamente como resolver o problema.

## Treinando a IA

Mas quando treino a IA para contar piadas de toc-toc, eu não faço as regras. A IA precisa descobrir essas regras por conta própria.

A única coisa que dou a ela é um conjunto de piadas de toc-toc existentes e instruções que são essencialmente: "Aqui estão algumas piadas; tente criar mais piadas." E os materiais que dou para ela trabalhar? Um balde de letras aleatórias e pontuação.

Então eu saio para tomar café.

A IA começa a trabalhar.

A primeira coisa que ela faz é tentar adivinhar algumas letras de algumas piadas de toc-toc. Ela está fazendo suposições 100% aleatórias neste momento, então o primeiro palpite pode ser qualquer coisa. Digamos que adivinhe algo como "qasdnw, m sne? Mso d". Até onde ela sabe, é assim que você conta uma piada de toc-toc.

Em seguida, a IA analisa como essas piadas de toc-toc *realmente* deveriam ser. Provavelmente, está muito errada. "Tudo bem", diz a IA, e ela ajusta sutilmente sua própria estrutura para que adivinhe com um pouco mais de precisão da próxima vez. Há um limite para o quão drasticamente ela pode mudar a si mesma, porque não queremos que ela tente memorizar cada novo pedaço de texto que vir. Mas, com um mínimo de ajustes, a IA pode descobrir que, se adivinhar nada além de *t* e espaços, pelo menos estará certa algumas vezes. Depois de analisar um lote de piadas de toc-toc e fazer uma rodada de correções, sua ideia de piada de toc-toc é mais ou menos assim:

```
  t t t  t   t t
tt     t tttot
 t tttt
t
tt
 tt   t   tt
teott   t
     t
 t
```

Agora, não é a melhor piada de toc-toc do mundo. Mas tendo isso como ponto de partida, a IA pode passar para um segundo lote de piadas de toc-toc, depois para outro. Cada vez, ela ajusta sua fórmula de piada para melhorar seus palpites.

Depois de mais algumas rodadas de adivinhação e autoajuste, ela aprendeu mais regras. Aprendeu a empregar um ponto de interrogação ocasional no final de uma frase. Está começando a aprender a usar vogais (*o* em particular). Está até tentando usar apóstrofos.

```
noo,
Lnoc noo
Kor?
hnos h nc
pt'b oa to'

asutWtnl
toy nooc
doc kKe
w ce
e
```

O quanto suas regras sobre geração de piadas de toc-toc combinam com a realidade? Ainda parece estar faltando alguma coisa.

Se ela quiser se aproximar da geração de uma piada de toc-toc aceitável, ela precisará descobrir algumas regras sobre a *ordem* das letras. Novamente, ela começa adivinhando. O palpite de que *o* é sempre seguido por *q*? Não é tão bom, ao que parece. Mas então ela palpita que *o* é frequentemente seguido por *ck*. Ouro. Ela fez algum progresso. Eis a sua ideia da piada perfeita:

```
Whock
Whock
Whock
Whock
Whock Whock Whock
Whock Whock
Whock
Whock
```

Não é exatamente uma piada de toc-toc — soa mais como um tipo de galinha. A IA precisará descobrir mais algumas regras.

Ela analisa o conjunto de dados novamente. Ela tenta novas maneiras de usar o "ock", procurando por novas combinações que correspondam melhor ao seu exemplo de piadas de toc-toc.

```
nooc hock hork
aToo tWhoc
Thock
hors Whnes Whee
noo oooc
Too?
loo
noc no'c Tno h orea
ao no oo k TeockWnork Toos
Thoe
nock T ock
Koc
hoo
KTock Toc Thock Whonk
```

Todo esse progresso acontece em apenas alguns minutos. Quando eu volto com meu café, a IA *já* descobriu que começar com "Toc, Toc/ Quem é?" se encaixa muito bem nas piadas de toc-toc existentes. Ela decide aplicar essa regra *sempre.*

Mas o resto da fórmula leva um bom tempo para ser descoberto, e a IA frequentemente se dedica a jogar um jogo de telefone consigo mesma — ou encenar uma versão robótica do esquete de humor "Quem vem primeiro?":

```
Toc, Toc
Quem é?
Iane
Aatar quem?
Aaane quem?
Aan quem?
Anac quem?
Iobe quem?
Irata quem?
```

Logo, ela descobre o restante da fórmula, mas não há, você sabe, *palavras* reais:

```
Toc, Toc
Quem é?
Bool
Hane quem?
Scheres são então lá
```

Às vezes, também fica um pouco empolgada com o comprimento do bordão.

```
Toc, Toc
Quem é?
Cheed
I? len quem?
Ita gee o lasd emotiva oud ane weonges carvalho
   anet ane
```

```
tee doolorido theis onithit onde sua thasg tate
Dente se thele ter o theung!
```

Em algum momento de seu treinamento, ela aprende a piada sobre a Vaca Sem Lábios, que se torna sua Coisa Favorita de Todos os Tempos. Se você não conhece, a piada da Vaca Sem Lábios é assim:

```
Toc, Toc.
Quem é?
Uma vaca sem lábios.
Uma vaca sem lábios quem?
Uma vaca sem lábios diz ooo ooo ooooooo.
```

Segundo a IA, isso é o ouro do humor. Assim, a IA gasta um tempo pensando que o bordão para Todas As Piadas é "ooo ooo ooooooo"...

```
Toc, Toc
Quem é?
Alec
Anic quem?
Wow co poo tho tho porta para a fouligem oo ooo
   oooo ooo oo oo oo oo ooo oo oo oo ooo ooo oooo
   ooo ooo oo oo ooo ooo ooo ooo ooo oo oo ooo ooo
   ooo ooo oo oo oo ooo ooo ooo ooo...
```

Ela descobriu uma regra, tudo bem. Eventualmente (e assumo que com relutância), ela diminui a frequência com que usa a regra da Vaca Sem Lábios para criar bordões. Mas ela ainda tem problemas que são notavelmente semelhantes ao de duas pessoas contando piadas de toc-toc por uma conexão telefônica muito ruim, talvez esquecendo quem estava realmente contando a piada:

```
Toc, Toc
Quem é?
Alther
Água quem?
Água quem quem?
Quem quem?
Arton e fora no pântano?
```

Por fim, ela descobre a estrutura de uma piada de toc-toc e começa a fazer piadas que, embora tecnicamente corretas, não fazem muito sentido. Muitas delas são parcialmente plagiadas das piadas no conjunto de dados de treinamento.

```
Toc, Toc
Quem é?
Robin
Robin quem?
Robando você! Tolo eu e estou saindo

Toc, Toc
Quem é?
Bet
Carne quem?
Carne ano sem lábios aslly.

Irlanda
Irlanda quem?
Irlanda seu dinheiro, bunda.
```

E então. Ela produziu. Uma piada de verdade. Que ela criou inteiramente por conta própria, sem plagiar o conjunto de dados, e que não era apenas inteligível, mas também realmente… engraçada?

```
Toc, Toc
Quem é?
Augusto
Augusto quem?
Augusto de piadas de toc-toc.
```

De repente, a IA começou a entender piadas de toc-toc e trocadilhos em inglês? Muito provavelmente não, dado o tamanho muito pequeno do conjunto de dados. Mas a liberdade que a IA tinha — o domínio livre de todo o conjunto de caracteres possíveis — permitiu que ela experimentasse novas combinações de sons, umas das quais acabou realmente funcionando. É mais uma vitória para a teoria do macaco infinito* do que uma prova de conceito para o próximo clube de comédia somente para IA.

A beleza de deixar a IA fazer suas próprias regras é que uma única abordagem — aqui estão os dados; tente descobrir como copiá-los — funciona em muitos problemas diferentes. Se eu tivesse dado ao algoritmo de contar piada outro conjunto de dados em vez de piadas de toc-toc, ele aprenderia a copiar esse conjunto de dados.

Ele poderia criar novas espécies de aves:

```
Pato selvagem Yucatan
Pássaro-sol de bico-de-barco
Pica-pau de bico-ocidental
Rabo-de-cavalo de tampa-preta
João-da-palha islandês
Garça-real Robin de luto nevado
```

Ou novos perfumes:

```
Chique Dez
Eau de Boffe
Flor Frogrante
Moleja
Papai-noel para mulheres
```

* O velho ditado de que um macaco que escreve aleatoriamente em uma máquina de escrever por um tempo infinito acabará produzindo toda a obra de Shakespeare, na verdade descreve com bastante precisão o método da "força bruta" de procurar por uma solução para um problema, tentando sistematicamente tudo. Idealmente, o uso da IA para resolver o problema é uma melhoria. Idealmente.

Ou até novas receitas.

```
MOLUSCO BÁSICO CONGELADO
prato principal, sopas
½ quilo de frango
½ quilo de carne suína, cortado em cubos
½ dente de alho, esmagado
1 xícara de aipo, fatiado
1 cabeça (cerca de ½ de xícara)
6 colheres de sopa de triturador elétrico
1 colher de chá de pimenta preta
1 cebola picada
3 xícaras de caldo de carne de coruja para
   uma fruta
1 meio e meio recém triturado; equivalente
   de água
Com purê de suco de limão e fatias de limão
   em uma panela de 3 litros.
Adicione os legumes, adicione o frango ao
   molho, misturando bem na cebola. Adicione
   folha de louro, pimenta vermelha e cubra
   lentamente e cozinhe por 3 horas. Adicione
   as batatas e as cenouras ao fogo brando.
   Aqueça até o molho ferver. Sirva com
   tortas.
Se as peças licenciadas cozeram sobremesas e
   cozinhar na panela wok.
Leve à geladeira até 1/2 hora decorada.
Rendimento: 6 porções
```

## APENAS DEIXE QUE A IA RESOLVA

Dado um conjunto de piadas de toc-toc e nenhuma instrução adicional, a IA conseguiu descobrir muitas das regras que eu teria de programar manualmente. Algumas de suas regras eu nunca teria pensado em programar ou nem saberia que existiam — como A Vaca Sem Lábios ser a melhor piada.

Isso faz parte do que torna as IAs atraentes para solução de problemas e é particularmente útil se as regras forem realmente complicadas ou simplesmente misteriosas. Por exemplo, a IA é frequentemente usada para reconhecimento de imagens, uma tarefa surpreendentemente complicada e difícil de executar com um programa comum de computador. Embora a maioria de nós consiga identificar facilmente um gato em uma foto, é realmente difícil definir as regras que definem um gato. Dizemos ao programa que um gato tem dois olhos, um nariz, duas orelhas e um rabo? Isso também descreve um rato e uma girafa. E se o gato estiver enrolado ou virado para o outro lado? Até escrever as regras para detectar um único olho é complicado. Mas uma IA pode olhar para dezenas de milhares de imagens de gatos e criar regras que identificam corretamente um gato na maioria das vezes.

Às vezes, a IA é apenas uma pequena parte de um programa, enquanto o restante são scripts baseados em regras. Considere um programa que permita aos clientes ligar para seus bancos para obter informações da conta. A IA de reconhecimento de voz combina sons falados com opções do menu da linha de suporte, mas as regras emitidas pelo programador controlam a lista de opções que o chamador pode acessar e o código que identifica a conta como pertencente ao cliente.

Outros programas começam com a IA, mas mudam o controle para os humanos se as coisas ficarem difíceis, uma abordagem chamada de pseudo-IA. Algumas janelas de bate-papo de atendimento ao cliente funcionam assim. Quando você inicia uma conversa com um bot, se você for muito confuso ou se a IA detectar que você está ficando irritado, de repente você poderá se ver conversando com um humano. (Um humano que, infelizmente, agora tem que lidar com um cliente confuso e/ou irritado — talvez uma opção "conversar com um humano" fosse melhor para o cliente e para o funcionário.) Os carros autônomos de hoje também funcionam dessa maneira — o motorista precisa estar sempre pronto para assumir o controle se a IA ficar perturbada.

A IA também é excelente em jogos de estratégia como o xadrez, para os quais sabemos como descrever todos os movimentos possíveis, mas não como escrever uma fórmula que nos diga qual é a melhor jogada. No xadrez, o grande número de jogadas possíveis e a complexidade do jogo significa que mesmo um grande mestre seria incapaz de criar regras sólidas e rápidas que administrem a melhor jogada em qualquer situação. Mas um algoritmo pode jogar várias partidas de treino contra si mesmo — milhões delas, mais do que o mestre mais dedicado — para criar regras que a ajudem a vencer. E como a IA aprendeu sem instruções explícitas, às vezes suas estratégias são pouco convencionais. Às vezes, um pouco não convencional *demais*.

Se você não informar à IA quais movimentos são válidos, ela poderá encontrar e explorar brechas estranhas que quebram completamente o seu jogo. Por exemplo, em 1997, alguns programadores construíram algoritmos que podiam jogar jogo da velha remotamente um contra

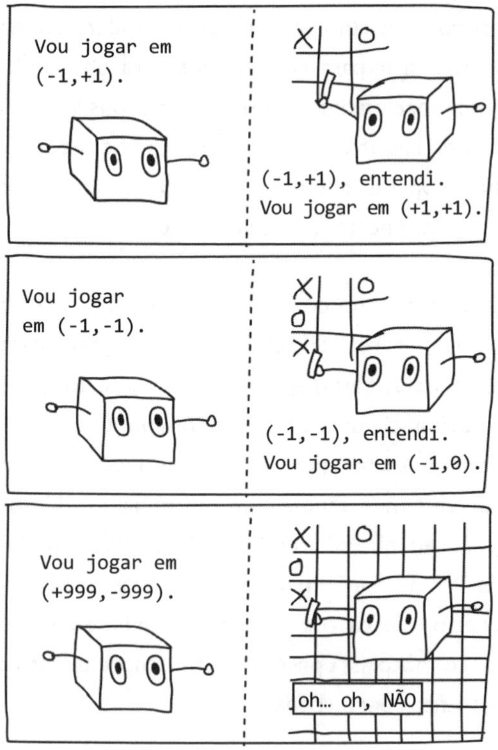
Vou jogar em (-1,+1).
(-1,+1), entendi. Vou jogar em (+1,+1).
Vou jogar em (-1,-1).
(-1,-1), entendi. Vou jogar em (-1,0).
Vou jogar em (+999,-999).
oh... oh, NÃO

o outro em um tabuleiro infinitamente grande. Um programador, em vez de projetar uma estratégia baseada em regras, construiu uma IA que poderia evoluir sua própria abordagem. Surpreendentemente, a IA de repente começou a ganhar todos os seus jogos. Acontece que a estratégia da IA era colocar sua jogada muito, muito longe, de modo que quando o computador do oponente tentasse simular o novo tabuleiro, bastante expandido, o esforço faria com que ele ficasse sem memória e travasse, perdendo o jogo[1]. A maioria dos programadores de IA tem histórias como essa — momentos em que seus algoritmos os surpreenderam ao encontrar soluções que não esperavam. Às vezes, essas novas soluções são engenhosas e, às vezes, são um problema.

Na sua forma mais básica, tudo que a IA necessita é uma meta e um conjunto de dados a serem aprendidos e dão a largada, seja o objetivo copiar exemplos de decisões de empréstimo feitas por um ser humano, seja prever se um cliente comprará uma meia, seja maximizar a pontuação em um videogame ou maximizar a distância que um robô pode percorrer. Em todos os cenários, a IA usa tentativa e erro para inventar regras que a ajudarão a atingir seu objetivo.

## ALGUMAS VEZES SUAS REGRAS SÃO RUINS

Às vezes, as brilhantes regras de solução de problemas de uma IA dependem de suposições equivocadas. Por exemplo, alguns dos meus experimentos de IA mais estranhos envolveram o produto de reconhecimento de imagem da Microsoft, que te permite enviar qualquer imagem para a IA marcar e legendar. Geralmente, esse algoritmo acerta as coisas — identificando nuvens, trens do metrô e até uma criança fazendo alguns truques de skate. Mas um dia notei algo estranho em seus resultados: estava marcando ovelhas em fotos que definitivamente não continham nenhuma ovelha. Quando investiguei mais, descobri que ela tendia a ver ovelhas em paisagens com campos verdejantes — independentemente de as ovelhas estarem lá. Por que o erro persistente e específico? Talvez, durante o treinamento, tenham mostrado a essa IA principalmente ovelhas que estavam em campos desse tipo, e ela falhou em perceber que a legenda "ovelha" se referia aos animais, não à paisagem gramada. Em outras palavras, a IA estava olhando para a coisa errada. E, com certeza, quando mostrei exemplos de ovelhas que *não* estavam em campos verdejantes, ela tendia a ficar confusa. Se eu mostrasse fotos de ovelhas em carros, ela tenderia a rotulá-las como cães ou gatos. Ovelhas nas salas de estar também foram rotuladas como cães e gatos, assim como ovelhas seguradas nos braços das pessoas. E ovelhas em coleiras foram identificadas como cães. A IA também teve problemas semelhantes com as cabras — quando elas subiam nas árvores, como costumam fazer, o algoritmo pensava que eram girafas (e outro algoritmo semelhante as chamava de pássaros).

Um rebanho de ovelhas pastando em uma paisagem verdejante

Um rebanho de ovelhas pastando em uma paisagem verdejante

Embora eu não tivesse certeza, eu poderia supor que a IA tinha criado regras como grama verde = ovelha e pelos em carros ou cozinhas = gatos. Essas regras a serviram bem no treinamento, mas falharam quando encontrou o mundo real e sua variedade estonteante de situações relacionadas a ovelhas.

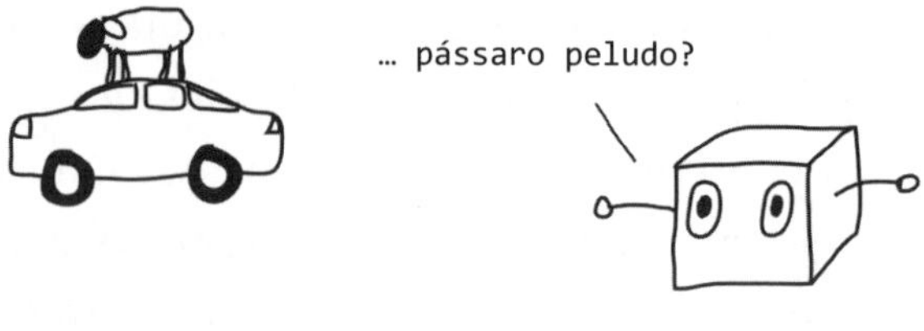

Erros de treinamento como esses são comuns nas IAs de reconhecimento de imagem. Mas as consequências desses erros podem ser graves. Uma equipe da Universidade de Stanford treinou uma IA para diferenciar imagens de peles saudáveis e imagens de câncer de pele. Depois que os pesquisadores treinaram sua IA, no entanto, descobriram que haviam inadvertidamente treinado um detector de réguas — muitos dos tumores em seus dados de treinamento foram fotografados ao lado de réguas para dar escala.[2]

## COMO DETECTAR UMA REGRA RUIM

Muitas vezes, não é fácil saber quando as IAs cometem erros. Como não escrevemos suas regras, elas criam suas próprias e não as anotam ou explicam da maneira que um ser humano faria. Em vez disso, as IAs fazem ajustes interdependentes complexos em suas próprias estruturas internas, transformando uma estrutura genérica em algo aprimorado para uma tarefa individual. É como começar com uma cozinha cheia de ingredientes genéricos e terminar com biscoitos. As regras podem ser armazenadas nas conexões entre células cerebrais virtuais ou nos genes de um organismo virtual. As regras podem ser complexas, espalhadas e estranhamente entrelaçadas entre si. Estudar a estrutura interna de uma IA pode ser muito parecido com estudar o cérebro ou um ecossistema — e você não precisa ser um neurocientista ou um ecologista para saber o quão complexas essas coisas podem ser.

Pesquisadores estão trabalhando para descobrir como as IAs tomam decisões, mas, em geral, é difícil descobrir quais são as regras internas de uma IA. Frequentemente, é apenas porque as regras são difíceis de entender, mas em outros momentos, principalmente quando se trata de algoritmos comerciais e/ou governamentais, é porque o próprio algoritmo é patenteado. Infelizmente, os problemas geralmente aparecem nos resultados do algoritmo quando ele já está em uso, às vezes tomando decisões que podem afetar vidas e potencialmente causar danos reais.

Por exemplo, uma IA que estava sendo usada para recomendar quais prisioneiros teriam liberdade condicional foi pega tomando decisões preconceituosas, copiando sem saber os comportamentos racistas que encontrou em seu treinamento.[3] Mesmo sem entender o que é preconceito, a IA ainda pode ser tendenciosa. Afinal, muitas IAs aprendem copiando seres humanos. A pergunta que elas estão respondendo não é "Qual é a melhor solução?", mas "O que os humanos teriam feito?".

Testar sistematicamente em busca de preconceitos pode ajudar a detectar alguns desses problemas comuns antes que eles causem danos. Mas outra peça do quebra-cabeça é aprender a antecipar problemas antes que eles ocorram e projetar IAs para evitá-los.

## QUATRO SINAIS DE CONDENAÇÃO DA IA

Quando as pessoas pensam no desastre da IA, elas pensam em IAs recusando ordens, decidindo que seus maiores interesses estão em matar todos os seres humanos ou criar bots exterminadores. Mas todos esses cenários de desastre assumem um nível de pensamento crítico e uma compreensão humana do mundo das quais as IAs não serão capazes no futuro próximo. Como afirmou o pesquisador líder em aprendizado de máquina, Andrew Ng, preocupar-se com uma tomada de poder da IA é como se preocupar com a superlotação em Marte.[4]

Isso não quer dizer que as IAs de hoje não possam causar problemas. De irritar levemente seus programadores a perpetuar preconceitos ou bater um carro autônomo, as IAs de hoje não são exatamente inofensivas. Mas, sabendo um pouco sobre a IA, podemos prever alguns desses problemas.

Veja como um desastre de IA pode realmente acontecer hoje.

Digamos que uma startup do Vale do Silício esteja se oferecendo para economizar tempo das empresas ao selecionar candidatos a emprego, identificando os prováveis melhores desempenhos ao analisar breves entrevistas em vídeo. Isso pode ser atraente — as empresas gastam muito tempo e recursos entrevistando dezenas de candidatos apenas para encontrar uma boa combinação. O software nunca se cansa, nunca fica com fome e não guarda rancores pessoais. Mas quais são os sinais de alerta de que o que a empresa está construindo é realmente um desastre de IA?

### Sinal de Aviso número 1: O Problema É Muito Difícil

O problema de contratar pessoas boas é que é realmente difícil. Até os humanos têm dificuldade em identificar bons candidatos. Esse candidato está realmente animado para trabalhar aqui ou é apenas um bom ator? Consideramos pessoas com deficiências ou diferenças culturais? Quando você adiciona IA à mistura, fica ainda mais difícil. É quase impossível para a IA entender as nuances de piadas, tons ou referências culturais. E se um candidato fizer uma referência aos eventos atuais do dia? Se a IA foi treinada com dados coletados no ano anterior, ela não terá chance de entender — e poderá punir o candidato por dizer algo que considera sem sentido. Para fazer bem o trabalho, a IA precisará ter uma enorme variedade de habilidades e acompanhar uma grande quantidade de informações. Se não é capaz de fazer bem o trabalho, estamos sujeitos a algum tipo de falha.

### Sinal de Aviso número 2: O Problema Não É o que Pensamos que Fosse

O problema de projetar uma IA para selecionar candidatos para nós: não estamos realmente pedindo a IA para identificar os melhores candidatos. Estamos pedindo que ela identifique os candidatos que mais se assemelham aos que nossos gerentes humanos mais gostaram no passado.

Isso poderia ser bom se os gerentes de contratação humanos tomassem ótimas decisões. Mas a maioria das empresas norte-americanas tem um problema de diversidade, principalmente entre os gerentes e, principalmente, na maneira como os gerentes de contratação avaliam currículos e entrevistam candidatos. Sendo todo o resto igual, currículos com nomes que parecem ser de homens brancos são mais propensos a obterem entrevistas do que aqueles com nomes femininos e/ou de minorias.[5] Mesmo os gerentes de contratação que são mulheres e/ou membros de uma minoria tendem a inconscientemente favorecer candidatos brancos do sexo masculino.

Muitos programas de IA ruins e/ou totalmente nocivos são projetados por pessoas que pensavam estar projetando uma IA para resolver um problema, mas estavam treinando-a, sem saber, para fazer algo totalmente diferente.

### Sinal de Aviso número 3: Existem Atalhos Furtivos

Lembra da IA de detectar câncer de pele que era, na verdade, um detector de réguas? Identificar as pequenas diferenças entre células saudáveis e células cancerígenas é difícil, por isso a IA achou muito mais fácil procurar a presença de uma régua na imagem.

Se você fornecer dados tendenciosos à IA para triagem de candidatos a emprego (o que você quase certamente fez, a menos que tenha trabalhado bastante para eliminar os preconceitos dos dados), então você também fornecerá a ela um atalho conveniente para melhorar sua precisão em prever o "melhor" candidato: prefira homens brancos. Isso é muito mais fácil do que analisar as nuances das escolhas de palavras de um candidato. Ou talvez a IA encontre e explore outro atalho infeliz — talvez tenhamos filmado nossos candidatos bem-sucedidos usando uma única câmera, e a IA aprenda a ler os metadados da câmera e selecione apenas os candidatos que foram filmados com essa câmera.

As IAs usam atalhos furtivos o tempo todo — elas simplesmente não sabem fazer melhor!

### Sinal de Aviso número 4: A IA Tentou Aprender com Dados Defeituosos

Há um velho ditado da ciência da computação: lixo dentro, lixo fora. Se o objetivo da IA é imitar seres humanos que tomam decisões erradas, o sucesso perfeito seria imitar essas decisões de maneira exata, com falhas e tudo.

Dados falhos, sejam exemplos falhos para aprender, sejam uma simulação falsa com física estranha, lançarão uma IA para um loop ou a enviarão na direção errada. Como em muitos casos nossos dados de exemplo *são* o problema que estamos dando à IA para resolver, não é de admirar que dados ruins levem a uma solução ruim. De fato, os avisos de números 1 a 3 costumam ser evidência de problemas com os dados.

## CONDENAÇÃO OU DELEITE

Infelizmente, o exemplo de triagem de candidatos a emprego não é hipotético. Várias empresas já oferecem serviços de triagem de currículos ou entrevistas em vídeo, e poucas oferecem informações sobre o que fizeram para lidar com preconceitos ou explicar deficiências ou diferenças culturais, ou para descobrir quais informações suas IAs usam no processo de triagem. Com um trabalho cuidadoso, é pelo menos possível criar uma IA de seleção de candidatos a emprego que seja, dentro de certa medida, menos tendenciosa do que os gerentes de contratação humanos — mas sem estatísticas publicadas para provar isso, podemos ter certeza de que o preconceito ainda está lá.

A diferença entre uma resolução de problemas bem-sucedida pela IA e a falha, geralmente, tem muito a ver com a adequação da tarefa a uma solução via IA. E há muitas tarefas para as quais as soluções da IA são mais eficientes do que as soluções humanas. Quais são elas, e o que torna a IA tão boa nelas? Vamos dar uma olhada.

CAPÍTULO 2

# IA está em todo lugar, mas onde exatamente?

Isso parece ser um trabalho para a IA!
… Deixa pra lá. ISSO parece um trabalho para um humano!

## ESSE EXEMPLO É REAL, NÃO ESTOU DE BRINCADEIRA

Há uma fazenda em Xichang, na China, que é incomum por vários motivos. Primeiro, é a maior fazenda do tipo no mundo, com produtividade incomparável. A cada ano, a fazenda produz seis bilhões de *Periplaneta americana*, mais de 28 mil por metro quadrado1. Para maximizar a produtividade, a fazenda conta com algoritmos que controlam a temperatura, a umidade, o suprimento de alimentos e até analisam a genética e a taxa de crescimento de *Periplaneta americana*.

Mas a principal razão pela qual a fazenda é incomum é que *Periplaneta americana* é simplesmente o nome latino da barata comum. Sim, a fazenda produz baratas, que são esmagadas em uma poção que é altamente valiosa na medicina tradicional chinesa. "Um pouco doce", relata sua embalagem. Com "um cheiro levemente suspeito".

Por ser um segredo comercial valioso, os detalhes são escassos sobre como é exatamente o algoritmo de maximização de baratas. Mas o cenário parece muito com um famoso experimento mental chamado maximizador de clipe, que supõe que uma IA superinteligente tenha uma única tarefa: produzir clipes. Dado esse objetivo único, uma IA superinteligente *pode* decidir converter todos os recursos possíveis na fabricação de clipes de papel — até mesmo converter o planeta e todos os seus ocupantes em clipes. Felizmente — *muito* felizmente, considerando que acabamos de falar de um algoritmo cujo trabalho é maximizar o número de baratas existentes —, os algoritmos que temos hoje estão a anos-luz de serem capazes de administrar fábricas ou fazendas sozinhos, muito menos converter a economia global em uma produtora de baratas. Muito provavelmente, a IA da barata está fazendo previsões sobre as taxas de produção futuras com base em dados passados e, em seguida, escolhendo as condições ambientais que acha que maximizarão a produção da barata. Provavelmente, poderá sugerir ajustes dentro de um intervalo definido por seus engenheiros humanos, mas provavelmente depende de humanos para receber dados, cumprir ordens, descarregar suprimentos e para o importante marketing de extrato de barata.

Ainda assim, ajudar a otimizar uma fazenda de baratas é algo em

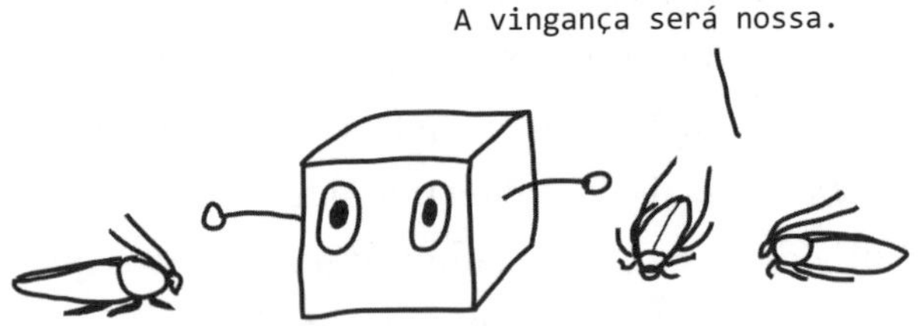


que uma IA provavelmente será boa. Há muitos dados para analisar, mas esses algoritmos são bons para encontrar tendências em grandes conjuntos de dados. É um trabalho que provavelmente não é popular, mas as IAs não se importam com tarefas repetitivas ou com o som deslizante de milhões de pés de barata no escuro. As baratas se reproduzem rapidamente, por isso não demora muito para ver os efeitos dos ajustes variáveis. E é um problema específico e estreito, e não um problema complexo e aberto.

Ainda existem problemas em potencial com o uso da IA para maximizar a produção de baratas? Sim. Como as IAs não têm contexto sobre o que estão realmente tentando realizar e por quê, elas geralmente acabam resolvendo os problemas de maneiras inesperadas. Suponha que a IA da barata constate que, ao aumentar o calor e a água para o "máximo" em uma sala em particular, isso pode aumentar significativamente o número de baratas que a sala pode produzir. Ela não haveria como saber (ou se importar) que o que realmente havia feito era causar um curto-circuito na porta que impede que as baratas acessem a cozinha dos funcionários.

Tecnicamente, causar um curto-circuito na porta era a IA sendo boa em seu trabalho. Seu trabalho era maximizar a produção de baratas, não proteger contra sua fuga. Para trabalhar efetivamente com a IA e antecipar problemas antes que aconteçam, precisamos entender em que o aprendizado de máquina é melhor.

## NA VERDADE, EU FICARIA BEM COM UM ROBÔ ASSUMINDO ESSE EMPREGO

Os algoritmos de aprendizado de máquina são úteis até para trabalhos que um ser humano poderia fazer melhor. O uso de um algoritmo para uma tarefa específica poupa o problema e a despesa de um ser humano, especialmente quando a tarefa é de alto volume e repetitiva. Isso é verdade não apenas para algoritmos de aprendizado de máquina, é claro, mas para a automação em geral. Se um Roomba pode nos salvar de ter que aspirar uma sala, aguentaremos tirá-lo várias vezes debaixo do sofá.

Uma tarefa repetitiva que as pessoas estão automatizando com IA é a análise de imagens médicas. Técnicos de laboratório passam horas todos os dias olhando amostras de sangue sob um microscópio, contando plaquetas ou glóbulos brancos ou vermelhos ou examinando amostras de tecidos em busca de células anormais. Cada uma dessas tarefas é simples, consistente e independente; portanto, são boas candidatas à automação. Mas as apostas são maiores quando esses algoritmos deixam o laboratório de pesquisa e começam a trabalhar em hospitais, em que as consequências de um erro são muito mais graves. Existem problemas semelhantes com os carros autônomos — dirigir é quase sempre repetitivo e seria bom ter um motorista que nunca se cansa, mas mesmo uma pequena falha pode ter consequências sérias a 100 quilômetros por hora.

Outra tarefa de alto volume que estamos felizes em automatizar com a IA, mesmo que seu desempenho não seja no nível do humano: a filtragem de spam. O bombardeamento de spam é um problema que pode ser diferenciado e em constante mudança, por isso é complicado para a IA, mas, por outro lado, a maioria de nós está disposto a aceitar uma mensagem ocasionalmente mal filtrada se isso significa que nossas caixas de entrada estarão, na maioria das vezes, limpas. Sinalizar URLs maliciosas, filtrar postagens de mídia social e identificar bots são tarefas de alto volume nas quais toleramos, na maioria das vezes, erros de desempenho.

A hiperpersonalização é outra área em que a IA está começando a mostrar sua utilidade. Com recomendações personalizadas de produtos, recomendações de filmes e listas de reprodução de música, as empresas usam a IA para adaptar a experiência a cada consumidor de uma maneira que seria de custo proibitivo se um humano

Talvez você goste
deste livro que é
igual àquele que você
comprou e odiou?

apresentasse as informações necessárias. E se a IA estiver convencida de que precisamos de um número infinito de tapetes de corredor ou pensar que somos uma criança pequena por causa daquela vez que compramos um presente para um chá de bebê? Seus erros são, na maioria, inofensivos (exceto naquelas ocasiões em que são muito, muito infelizes), e podem trazer uma venda à empresa.

Os algoritmos comerciais agora podem escrever artigos hiperlocais sobre resultados de eleições, pontuações esportivas e vendas recentes de imóveis. Em cada caso, o algoritmo pode apenas produzir um artigo altamente padronizado, mas as pessoas estão interessadas o suficiente no conteúdo para que isso pareça não importar. Um desses algoritmos é chamado Heliograf, desenvolvido pelo jornal *Washington Post* para transformar estatísticas esportivas em notícias. Já em 2016, já produzia centenas de artigos por ano. Aqui está um exemplo de como ele reporta um jogo de futebol.[2]

> O Quince Orchard Cougars fez um shutout no Einstein Titans, 47-0, na sexta-feira.
>
> Quince Orchard abriu o jogo com um touchdown de oito jardas, após um bloqueio de retorno de punt por Aaron Green. Os Cougars aumentaram sua liderança na corrida de 3 jardas do touchdown de Marquez Cooper. Os Cougars ampliaram sua liderança na corrida de 18 jardas do touchdown de Aaron Derwin. Os Cougars foram ainda mais longe depois da recepção do touchdown de 63 jardas de Derwin feita pelo quarterback Doc Bonner, elevando o placar para 27-0.

Não é algo empolgante, mas o Heliograf descreve o jogo.* Ele sabe como preencher um artigo com base em uma planilha cheia de dados e um pequeno estoque de frases de esportes. Mas uma IA como o Heliograf falharia totalmente quando confrontada com informações que não se encaixam perfeitamente nas caixas prescritas. Teria um cavalo corrido para o campo no meio do jogo? Será que o vestiário

* O fato de a pontuação ser 27-0 neste momento, e não 28-0, significa que os Cougars podem ter perdido um de seus pontos de conversão — fato que o Heliograf não menciona.

dos Einstein Titans foi invadido por baratas? Existiria uma oportunidade para um trocadilho inteligente? O Heliograf sabe apenas como relatar sua planilha.

No entanto, a redação gerada pela IA permite que os meios de comunicação produzam tipos de artigos que eram anteriormente de custo proibitivo. É necessário o toque de um ser humano para decidir quais artigos automatizar e criar os modelos básicos e o estoque de frases da IA, mas uma vez que um jornal tenha configurado um desses algoritmos hiperespecializados, ele poderá produzir o tanto de notícias que a quantidade de planilhas permitir. Um site de notícias sueco, por exemplo, criou o Homeowners Bot, capaz de ler tabelas de dados imobiliários e escrever cada venda em um artigo individual, produzindo mais de 10 mil artigos em quatro meses. Esse acabou sendo o tipo de artigo mais popular — e lucrativo — publicado pelo site de notícias.[3] E repórteres humanos podem gastar seu valioso tempo em trabalhos criativos de investigação. Cada vez mais, os principais meios de comunicação usam a assistência da IA para escrever seus artigos.[4]

A ciência é outra área em que a IA se mostra promissora para automatizar tarefas repetitivas. Físicos, por exemplo, usaram a IA para observar a luz vinda de estrelas distantes,[5] procurando sinais reveladores de que a estrela pode ter um planeta. Obviamente, a IA não foi tão precisa quanto os físicos que a treinaram. A maioria das estrelas que marcou como interessantes eram alarmes falsos. Mas foi capaz de eliminar corretamente mais de 90% das estrelas como *des*interessantes, o que economizou muito tempo para os físicos.

A astronomia está cheia de enormes conjuntos de dados, como se vê. Ao longo de sua vida, o telescópio Euclid coletará dezenas de bilhões de imagens de galáxias, das quais talvez 200 mil mostrem evidências de um fenômeno chamado lente gravitacional,[6] que ocorre quando uma galáxia supermassiva tem uma gravidade tão forte que de fato inclina a luz de outras galáxias mais distantes. Se os astrônomos puderem encontrar as lentes, eles poderão aprender muito sobre a gravidade em uma enorme escala intergaláctica, em que há tantos mistérios não resolvidos que 95% da massa e energia do universo não foram contabilizadas. Quando os algoritmos revisaram as imagens, eles foram mais rápidos que os humanos e às vezes os superavam quanto à precisão. Mas quando o telescópio capturou uma lente "premiada" superexcitante, apenas os humanos perceberam.

O trabalho criativo também pode ser automatizado, pelo menos sob a supervisão de um artista humano. Enquanto, antes, um fotógrafo poderia passar horas aprimorando uma fotografia, os filtros atuais de IA, como os embutidos no Instagram e no Facebook, fazem um trabalho decente ajustando o contraste e a iluminação e até adicionando efeitos de profundidade de foco para simular uma lente cara. Não é necessário pintar digitalmente orelhas de gato em seu amigo — há um filtro com inteligência artificial embutido em seu Instagram que descobrirá aonde as orelhas devem ir, mesmo quando seu amigo mexer a cabeça. De pequenas e grandes maneiras, a IA dá a artistas e músicos acesso a ferramentas de economia de tempo que podem expandir sua capacidade de realizar trabalhos criativos por conta própria. Por sua vez, é claro, existem ferramentas como **deepfakes**, que permitem às pessoas trocar a cabeça e/ou o corpo de uma pessoa por outra, mesmo em vídeo. Por um lado, um maior acesso a essa ferramenta significa que os artistas podem inserir facilmente Nicolas Cage ou John Cho em vários papéis no cinema, brincando ou fazendo um argumento sério a respeito da representação minoritária em Hollywood.[7] Por outro lado, a crescente facilidade de deepfakes já está dando aos assediadores novas maneiras de gerar vídeos perturbadores e altamente direcionados, para divulgação online. E à medida que a tecnologia melhora e os vídeos deepfake se tornam cada vez mais convincentes, muitas pessoas e governos estão preocupados com o potencial da técnica para criar vídeos falsos, mas prejudiciais — como vídeos realistas, ainda que falsos, de um político dizendo algo controverso.

Além de economizar tempo para os humanos, a automação da IA pode significar um desempenho mais consistente. Afinal, o desempenho individual de um ser humano pode variar ao longo do dia, dependendo de quão recentemente eles comeram ou quanto dormiram, e os preconceitos e o humor de cada pessoa também podem ter um efeito enorme. Inúmeros estudos mostraram que o sexismo, o preconceito racial, discriminação com deficientes e outros problemas afetam coisas como: se os currículos serão pré-selecionados, se os funcionários receberão aumentos e se os prisioneiros receberão liberdade condicional. Os algoritmos evitam inconsistências humanas — a partir de um conjunto de dados, eles retornarão praticamente um resultado invariável, não importa se é de manhã, meio-dia ou happy hour. Infelizmente, porém, consistente não significa imparcial. É muito possível que um algoritmo seja consistentemente injusto, especialmente se aprender, como muitas IAs, copiando seres humanos.

Portanto, há muitas coisas que são atraentes para se automatizar com a IA. Mas e quanto às coisas que determinam se nós *poderíamos* automatizar um problema?

## QUANTO MAIS LIMITADA A TAREFA, MAIS INTELIGENTE É A IA

O **Teste de Turing** tem sido uma referência famosa para o nível de inteligência de um programa de computador desde que Alan Turing o propôs na década de 1950. Um programa de computador passa no Teste de Turing padrão se puder conversar com seres humanos e convencer aproximadamente um terço deles de que é um ser humano e não um computador. Passar no Teste de Turing às vezes é visto como um sinal de que um algoritmo alcançou inteligência no nível humano e talvez até autoconsciência. Muitos livros e filmes de ficção científica — Blade Runner, Ex Machina, O Homem Bicentenário e muitos outros — envolvem inteligências artificiais gerais sofisticadas que provaram sua "personalidade" ao passar no Teste de Turing.

Mas o Teste de Turing não é realmente uma boa medida de inteligência algorítmica. De certa forma, é fácil passar no Teste de Turing se você puder restringir o assunto da conversa. Conversei com o bot do Mercado Whole Foods no Facebook para testar essa teoria:

**Whole Foods:** Oi, Janelle! Estamos aqui para ajudá-la a encontrar receitas tão simples quanto seus ingredientes.

**Eu:** Você tem uma receita para guacamole?

**Whole Foods:** <posta uma receita: Guacamole com coentro>

**Eu:** Tudo bem fazer guacamole com ervilhas?

**Whole Foods**: <posta uma receita: Guacamole com ervilha verde>

**Eu:** Me dê uma receita que use abacate. Qualquer coisa, menos guacamole.

**Whole Foods:** <posta uma receita: Salsa de Abacate com Azeitonas e Coentro>

Neste ponto, a conversa é um pouco ambígua. A coisa com a qual estou conversando não disse especificamente se é um humano ou um bot e está lidando, competentemente, com questões que podem ser respondidas postando uma receita. Mas quando me afasto desse formato restrito, o bot se revela rapidamente.

**Eu:** Como sei se um abacate está maduro?

**Whole Foods:** <posta uma receita: Guacamole com Edamame>

**Eu:** Você tem um personagem favorito de Star Wars?

**Whole Foods:** <posta uma receita: Camarão Salteado com Polenta e Manchego>

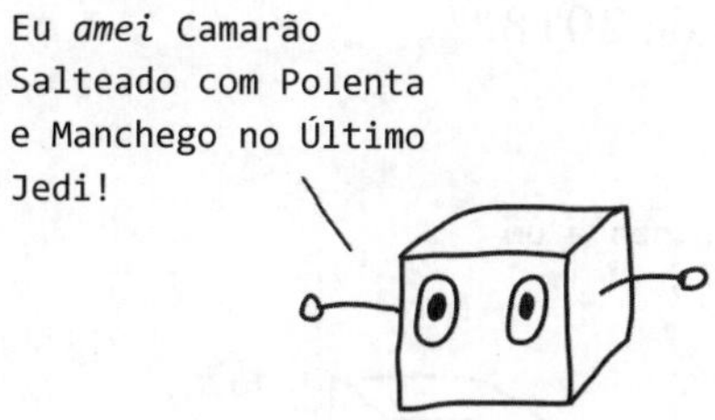
Eu *amei* Camarão Salteado com Polenta e Manchego no Último Jedi!

Essa é a estratégia que as empresas usam quando desejam usar chatbots para atendimento ao cliente. Em vez de identificar os robôs como tal, eles contam com a cortesia humana para manter a conversa em tópicos aos quais os robôs podem se ater. Afinal, se houver uma chance de você estar conversando com um funcionário humano, seria rude testá-los com perguntas estranhas e fora do tópico.

Mesmo quando os clientes aderem ao tópico prescrito, os chatbots terão dificuldades se o tópico for muito amplo. Em agosto de 2015, o Facebook tentou criar um chatbot com inteligência artificial chamado M, destinado a fazer reservas de hotéis, agendar ingressos para o teatro, recomendar restaurantes e muito mais.[8] A ideia era que a empresa começaria a usar seres humanos para lidar com as solicitações mais difíceis, gerando muitos exemplos com os quais o algoritmo poderia aprender. Eventualmente, o Facebook esperava que o algoritmo tivesse dados suficientes para lidar sozinho com a maioria das perguntas. Infelizmente, dada à liberdade de perguntar a M qualquer coisa, os clientes levaram o Facebook ao pé da letra. Em uma entrevista, o engenheiro que iniciou o projeto contou: "As pessoas tentam primeiro perguntar pelo tempo amanhã; então elas dizem: 'Há algum restaurante italiano disponível?' Em seguida, elas têm uma pergunta sobre imigração e, depois de um tempo, pedem a M para organizar seu casamento."[9] Um usuário até pediu a M que providenciasse um papagaio para visitar seu amigo. M foi bem-sucedido — ao enviar esse pedido para ser tratado por um humano. Na verdade, anos após a introdução do M, o Facebook descobriu que seu algoritmo ainda precisava de muita ajuda humana. O serviço se encerrou em janeiro de 2018.[10]

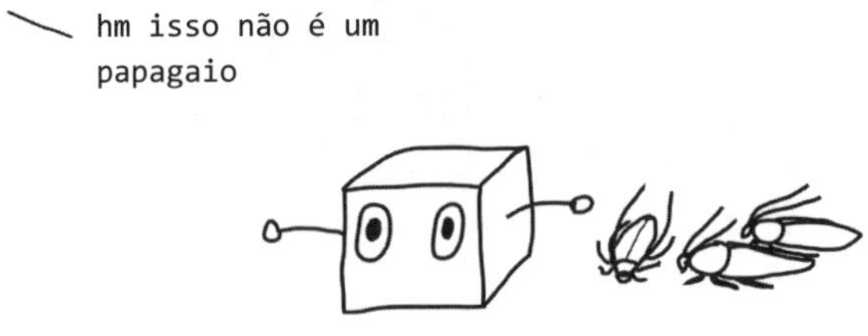
hm isso não é um
papagaio

Lidar com toda a gama de coisas que um humano pode dizer ou perguntar é uma tarefa muito ampla. A capacidade mental da IA ainda é pequena se comparada à dos seres humanos e, à medida que as tarefas se tornam amplas, as IAs começam a ter dificuldade.

Por exemplo, recentemente treinei uma IA para criar receitas. Essa IA em particular é configurada para imitar o texto, mas começou a partir de um quadro em branco — sem fazer ideia do que são receitas, nem de que várias letras estão se referindo a ingredientes e coisas que lhes acontecem, nem mesmo faz ideia do que é inglês. Há muita coisa para acompanhar, mas ela tentou o seu melhor para descobrir como colocar uma letra após a outra e imitar as receitas que viu. Quando eu dei apenas receitas de bolo para ela aprender, aqui está a receita que produziu.

**Bolo de Cenoura (Senhora Vera"**
**bolos, álcool**
1 pacote de mistura de bolo amarelo
3 xícaras de farinha
1 colher de chá de fermento em pó
1 ½ colher de chá de bicarbonato de sódio
¼ colher de chá de sal
1 colher de chá de canela em pó
1 colher de chá de gengibre em pó
½ colher de chá de cravo em pó
1 colher de chá de fermento em pó
½ colher de chá de sal
1 colher de chá de baunilha
1 ovo, temperatura ambiente
1 xícara de açúcar
1 colher de chá de baunilha
1 xícara de nozes picadas
Preaqueça o forno a 180 graus. Unte uma assadeira de 22 centímetros.

Para fazer o bolo: bata os ovos em alta velocidade até obter uma cor grossa e amarela e deixe repousar. Em uma tigela separada, bata as claras até ficarem firmes. Acelere o primeiro como a

```
mistura na panela preparada e alise a massa. Asse
no forno por cerca de 40 minutos ou até que um
palito de madeira inserido no centro saia limpo.
Deixe esfriar na panela por 10 minutos.
Coloque sobre uma grade de arame para esfriar
completamente.
Retire o bolo da panela para esfriar completa-
mente. Sirva quente.
Livro de receitas HereCto (1989) da Kitchen & Hawn
inthe Canadian Living.
Rendimento: 16 porções
```

Agora, a receita não é perfeita, mas pelo menos é uma receita que é identificável como bolo (mesmo que, quando você observe atentamente as instruções, perceba que ela apresenta apenas uma única gema de ovo cozida).

Em seguida, pedi a IA que aprendesse a criar não apenas receitas de bolos, mas também receitas de sopa, churrasco, biscoitos e saladas. Tinha cerca de dez vezes mais dados para aprender — 24.043 receitas criadas em vez de apenas 2.431 receitas no conjunto de dados apenas para bolos. Aqui está uma receita que ela criou.

**Patê de Arroz de Frango**
**queijo/ovos, saladas, queijo**

```
1 kg de corações, sem semente
1 xícara de hortelã fresca picada ou torta de
framboesa
½ xícara de catrimas, ralada
1 colher de sopa de óleo vegetal
1 sal
1 pimenta
2 ½ colher de sopa de açúcar, açúcar

Combine as folhas retiradas e mexa até a mis-
tura ficar grossa. Em seguida, adicione ovos,
açúcar, mel e sementes de cominho e cozinhe em
```

```
fogo baixo. Adicione o xarope de milho, orégano
e alecrim e a pimenta branca. Coloque o creme no
fogo. Cozinhe, adicione o restante do fermento
em pó e o sal. Asse em forno a 180C de 2 a 1
hora. Servir quente.
Rendimento: 6 porções
```

Desta vez, a receita é um desastre total. A IA teve que tentar descobrir quando usar chocolate e quando usar batatas. Algumas receitas exigiam cozimento, outras exigiam fervura lenta e as saladas não exigiam cozimento algum. Com todas essas regras para tentar aprender e acompanhar, a IA forçou demais seu poder cerebral.

Assim, as pessoas que treinam IAs para resolver problemas comerciais ou de pesquisa descobriram que faz sentido treiná-las para se especializar. Se um algoritmo parece ser melhor em seu trabalho do que a IA que inventou o Patê de Arroz de Frango, a principal diferença é provavelmente que ele tem um problema mais limitado e melhor escolhido. Quanto mais limitada a IA, mais inteligente ela parece.

## C-3PO CONTRA A SUA TORRADEIRA

É por isso que os pesquisadores de IA gostam de fazer uma distinção entre **inteligência artificial estreita (ANI)**, do tipo que temos agora, e **inteligência artificial geral (AGI)**, do tipo que geralmente encontramos em livros e filmes. Estamos acostumados com histórias sobre sistemas de computador superinteligentes como Skynet e Hal ou robôs muito humanos como Wall-E, C-3PO, Data e assim por diante. As IAs nessas histórias podem ter dificuldade para entender as minúcias da emoção humana, mas são capazes de entender e reagir a uma enorme variedade de objetos e situações. Uma AGI pode vencê-lo no xadrez, lhe contar uma história, assar um bolo para você, descrever uma ovelha e citar três coisas maiores que uma lagosta. Também é, certamente, o material de ficção científica, e a maioria dos especialistas concorda que a AGI está a muitas décadas de se tornar realidade — se de fato se tornar realidade.

A ANI que temos hoje é menos sofisticada. Consideravelmente menos sofisticada. Comparada ao C-3PO, é basicamente uma torradeira.

Os algoritmos que fazem manchetes, quando vencem pessoas em jogos como xadrez e baduk, por exemplo, superam a capacidade dos seres humanos em uma única tarefa especializada. Mas as máquinas têm sido superiores aos humanos em tarefas específicas já faz um tempo. Uma calculadora sempre excedeu a capacidade dos seres humanos de realizar uma divisão longa — mas ainda não consegue descer um lance de escadas.

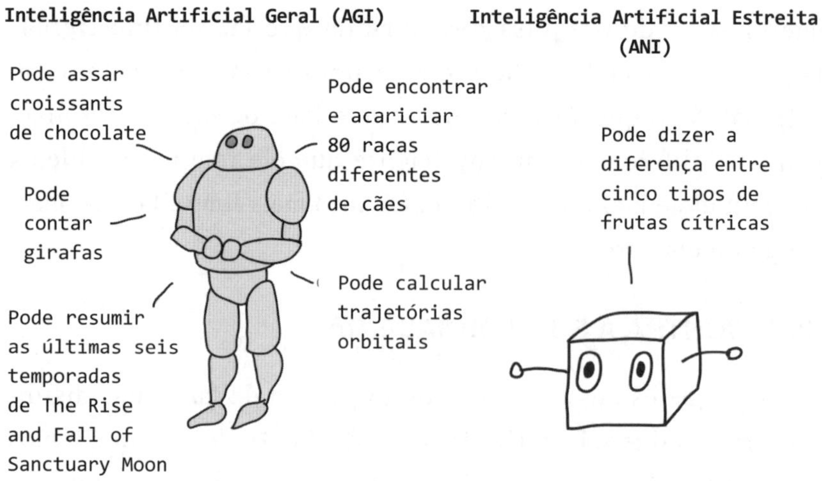
Inteligência Artificial Geral (AGI)
Inteligência Artificial Estreita (ANI)
Pode assar croissants de chocolate
Pode contar girafas
Pode resumir as últimas seis temporadas de The Rise and Fall of Sanctuary Moon
Pode encontrar e acariciar 80 raças diferentes de cães
Pode calcular trajetórias orbitais
Pode dizer a diferença entre cinco tipos de frutas cítricas

Na verdade, muitas AGIs de ficção científica são, por algum motivo, incapazes de descer escadas. Os Daleks, C-3PO, RoboCop, Hal. Estudar mais?

Quais problemas são estreitos o suficiente para serem adequados aos algoritmos ANI atuais? Infelizmente (consulte o sinal de aviso número 1 da condenação da IA: O Problema é Muito Difícil), geralmente um problema do mundo real é mais amplo do que parece à primeira vista. Em nossa IA de análise de videoentrevistas do capítulo 1, o problema à primeira vista parece relativamente estreito: uma simples questão de detectar emoções em rostos humanos. Mas e os candidatos que tiveram um derrame ou que têm cicatrizes faciais ou que não se emocionam de maneira neurotípica? Um ser humano pode entender a situação de um candidato e ajustar suas expectativas de acordo com isso, mas, para fazer o mesmo, uma IA precisa saber quais palavras o candidato está dizendo (voz-em-texto é todo um problema de IA por si só), entender o que essas palavras significam (as IAs atuais podem apenas interpretar o significado de tipos limitados de frases em áreas de conhecimento limitadas e não se dão bem com nuances) e usar esse conhecimento e entendimento para alterar a maneira como interpreta os dados emocionais. As IAs de hoje, incapazes de uma tarefa tão complicada, provavelmente filtrariam todas essas pessoas antes de chegarem a um ser humano.

Como veremos a seguir, carros autônomos podem ser outro exemplo de um problema que é mais amplo do que parece à primeira vista.

## DADOS INSUFICIENTES NÃO COMPUTAM

IAs são aprendizes lentas. Se você mostrasse a um ser humano a foto de algum animal novo chamado de wug, depois desse a ele um grande lote de fotos e pedisse que identificasse todas as fotos que contivessem wugs, ele provavelmente poderia fazer um trabalho decente apenas com base nessa foto. Uma IA, no entanto, pode precisar de milhares ou centenas de milhares de imagens de wugs antes mesmo de poder identificá-los de maneira mais ou menos confiável. E as imagens de wugs precisam ser variadas o suficiente para que o algoritmo descubra que "wug" se refere a um animal, não ao chão quadriculado em que está ou à mão humana que acaricia sua cabeça.

Pesquisadores estão trabalhando no design de IAs que podem dominar um tema com menos exemplos (uma habilidade chamada **aprendizado único**), mas, por enquanto, se você quiser resolver um problema com a IA, precisará de toneladas e toneladas de dados de treinamento. O popular conjunto de dados de treinamento ImageNet, para geração ou reconhecimento de imagens, atualmente possui 14.197.122 imagens em apenas mil categorias diferentes. Da mesma forma, enquanto um motorista humano somente precisaria acumular algumas centenas de horas de experiência de condução antes de poder dirigir por conta própria, desde 2018, os carros da empresa autônoma Waymo coletaram dados ao dirigirem mais de seis milhões de milhas em estradas e mais cinco bilhões de milhas percorridas em simulação.[11] E ainda estamos muito longe de uma disseminação generalizada da tecnologia de carros autônomos. A fome de dados da IA é um grande motivo pelo qual a era do "big data", no qual as pessoas coletam e analisam grandes conjuntos de dados, caminha lado a lado com a era da IA.

Às vezes, as IAs aprendem tão lentamente que é impraticável deixá-las aprender em tempo real. Em vez disso, elas aprendem com o tempo acelerado, acumulando centenas de anos de treinamento em apenas algumas horas. Um programa chamado OpenAI Five, que aprendeu a jogar o jogo de computador Dota (um jogo de fantasia online, no qual as equipes precisam trabalhar juntas para assumir o controle de um mapa), conseguiu derrotar alguns dos melhores jogadores humanos do mundo ao jogar contra si mesmo em vez de jogar contra humanos. Desafiou-se a dezenas de milhares de jogos simultâneos, acumulando 180 anos de tempo de jogo a cada dia.[12] Mesmo que o objetivo seja fazer algo no mundo real, pode fazer sentido criar uma simulação dessa tarefa para economizar tempo e esforço.

Outra tarefa da IA foi aprender a equilibrar uma bicicleta. Foi um pouco lento, no entanto. Os programadores mantinham o controle de todos os caminhos que a roda dianteira da bicicleta seguia, enquanto ela balançava e batia repetidamente. Foram necessárias mais de cem quedas antes que a IA pudesse percorrer mais de alguns metros sem cair e milhares mais antes que pudesse percorrer mais do que algumas dezenas de metros.

Treinar uma IA com simulação é conveniente, mas também traz riscos. Devido ao poder computacional limitado dos computadores que as executam, as simulações não são tão detalhadas quanto o mundo real e são, por necessidade, mantidas com todos os tipos de hacks e atalhos. Às vezes, isso pode ser um problema se a IA perceber os atalhos e começar a explorá-los (mais sobre isso mais tarde).

## PEGANDO CARONA EM OUTRO PROGRESSO

Se você não tiver muitos dados de treinamento, ainda poderá resolver seu problema com a IA se você ou outra pessoa já tiver resolvido um problema semelhante. Se a IA não começar do zero, mas a partir de uma configuração que aprendeu em um conjunto de dados anterior, ela poderá reutilizar muito do que aprendeu. Por exemplo, digamos que eu já tenha uma IA que treinei para criar nomes de bandas de metal. Se minha próxima tarefa é criar uma IA que possa criar sabores de sorvete, posso obter resultados mais rapidamente e precisar de menos exemplos se começar com a IA da banda de metal. Afinal, aprendendo a criar bandas de metal, a IA já sabe:

- aproximadamente quão longo cada nome deve ser;
- que deve colocar em maiúscula a primeira letra de cada linha;
- combinações comuns de letras — *ch* e *ba* e *mor* e *pis* (já é meio caminho para soletrar *chocolate, baunilha, morango* e *pistache*!) — e
- palavras que ocorrem com frequência, como *o/a* e, hm... *morte*?

Portanto, algumas breves etapas de treinamento podem retreinar a IA a partir de um modelo que produz isso:

```
Dragão-vermelho de Sangue
Stäggabash
Rachadura da Morte
Jardim Da Tempestade
Vômito
Beebum
Inbumblious
Areia Desumana
Dragonsulla e Steelgosh
Tapete do Caos
Sespessstion Sanicilevus
```

em um modelo que produz isso:

```
Oreo-limão
Churros de Morango
Chai de Cereja
Loucura Negra Maltada
Barra de chocolate de romã e abóbora
Nibe de cacau defumado
Manjericão Tostado
Figo da Montanha e Twist de Morango
Chocolate Chocolate Chocolate Chocolate estrada
Chocolate Amendoim Chocolate Chocolate Chocolate
```

(Há apenas uma fase um *pouquiiinho* estranha no meio, quando está gerando coisas assim:)

```
Redemoinho do inferno
Creme de Pessoa
Caramelo de Nightham
A Morte de Feethberrardern
Necroestrela com Pessoa de Chocolate
Lamento de Fudge
Creme da Besta
```

```
Acabe Com Tudo
Queijo da Morte
Noz-pecã de Sangue
O Silêncio do Coco
A Borboleta em Chamas
Aranha e Sorbesta
Queimadura de Amora
```

Talvez eu devesse ter começado com tortas.

Como se vê, os modelos de IA são muito reutilizados, um processo chamado de **transferência de aprendizado.** Você não apenas pode usar menos dados, começando com uma IA que já está na metade do objetivo, como também pode economizar muito tempo. Pode levar dias ou até semanas para treinar os algoritmos mais complexos com os maiores conjuntos de dados, mesmo em computadores muito poderosos. Mas leva apenas alguns minutos ou segundos para usar a transferência de aprendizado para treinar a mesma IA para executar uma tarefa semelhante.

As pessoas usam muito a transferência de aprendizado particularmente em reconhecimento de imagem, já que treinar um novo algoritmo de reconhecimento de imagem do zero requer muito tempo e muitos dados. Muitas vezes, as pessoas começam com um algoritmo que já foi treinado para reconhecer vários tipos de objetos em imagens genéricas e depois usam esse algoritmo como ponto de partida para o reconhecimento especializado de objetos. Por exemplo, se um algoritmo já conhece regras que o ajudam a reconhecer fotos de caminhões, gatos e bolas de futebol, já tem uma vantagem na tarefa de distinguir diferentes tipos de produtos para, por exemplo, um scanner de supermercado. Muitas das regras que um algoritmo genérico de reconhecimento de imagem precisa descobrir — regras que ajudam a encontrar arestas, identificar formas e classificar texturas — serão úteis para o scanner de compras.

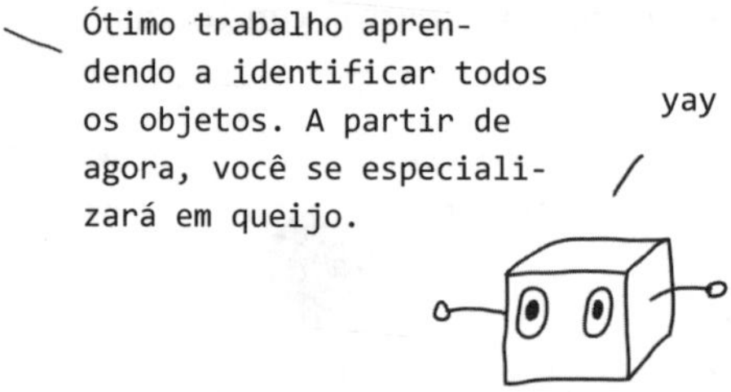
Ótimo trabalho aprendendo a identificar todos os objetos. A partir de agora, você se especializará em queijo.
yay

## NÃO PEÇA A ELA PARA LEMBRAR

Um problema é mais fácil de solucionar com a IA se ele não precisar de muita memória. Por causa de sua capacidade cerebral limitada, as IAs são particularmente ruins em lembrar as coisas. Isso aparece, por exemplo, quando as IAs tentam jogar jogos de computador. Elas tendem a ser extravagantes com a vida de seus personagens e outros recursos (como ataques poderosos que eles têm apenas em número limitado). Elas vão desperdiçar muitas vidas e feitiços no começo, até que seus números fiquem criticamente baixos e nesse momento, de repente, começam a ser cautelosas.[13]

Uma IA aprendeu a jogar o jogo Karatê Kid, mas sempre desperdiçava todos os seus poderosos movimentos de Chute de Guindaste no início do jogo. Por quê? Ela só tinha memória suficiente para aguardar os próximos seis segundos de jogo. Como Tom Murphy, que treinou o algoritmo, aponta: "Qualquer coisa que você vá precisar 6 segundos depois, bem, é uma pena. Desperdiçar vidas e outros recursos é um modo de falha comum."[14]

Até algoritmos sofisticados, como o bot jogador de Dota da OpenAI, têm apenas um período de tempo limitado sobre o qual podem se lembrar e prever. O OpenAI Five pode prever impressionantes 2 minutos no futuro (impressionante para um jogo com tantas coisas complexas acontecendo tão rapidamente), mas as partidas de Dota podem durar 45 minutos ou mais. Embora o OpenAI Five possa jogar com um nível aterrorizante de agressão e precisão, também parece não saber como usar técnicas que valeriam a pena a longo prazo.[15] Como o bot simples do Karatê Kid, que emprega o Chute de Guindaste muito cedo, ele tende a usar os ataques mais poderosos de um personagem desde o início, em vez de salvá-los para mais tarde, quando eles valerão mais.

Essa falha no planejamento antecipado aparece com bastante frequência. No nível 2 de Super Mario Bros., há uma borda infame, a desgraça de todos os algoritmos de jogo. Essa borda tem muitas moedas brilhantes! Quando chegam ao nível 2, as IAs geralmente sabem que as moedas são boas. As IAs também costumam saber que precisam continuar se movendo para a direita para poderem chegar ao fim do nível antes que o tempo acabe. Mas se a IA pular na borda, ela precisará retroceder para sair da borda. As IAs nunca tiveram que retroceder antes. Elas não conseguem entender e ficam presas na borda até o tempo acabar. "Eu literalmente gastei cerca de seis fins de semana e milhares de horas de CPU no problema", disse Tom Murphy, que acabou superando a borda com algumas melhorias nas habilidades de sua IA no planejamento a longo prazo.[16]

A geração de texto é outro campo em que a memória curta da IA pode ser um problema. Por exemplo, Heliograf, o algoritmo de jornalismo que traduz linhas individuais de uma planilha em frases de uma reportagem esportiva, funciona porque ele pode escrever cada frase de maneira mais ou menos independente. Não é necessário lembrar o artigo inteiro de uma só vez.

As redes neurais que traduzem idiomas, como as do Google Tradutor, também não precisam se lembrar de parágrafos inteiros. Frases, ou mesmo partes de frases, geralmente podem ser traduzidas individualmente de um idioma para outro sem nenhuma memória da frase anterior. Quando há algum tipo de dependência em longo prazo, como uma ambiguidade que poderia ter sido resolvida com as informações de uma frase anterior, a IA geralmente não pode fazer uso dela.

Outros tipos de tarefas tornam a memória terrível da IA ainda mais óbvia. Um exemplo são as histórias geradas por algoritmos. Há uma razão pela qual a IA não escreve livros ou programas de TV (embora as pessoas estejam trabalhando nisso).

Se você já se perguntou se um texto foi escrito por um algoritmo de aprendizado de máquina ou por um ser humano (ou pelo menos muito organizado por um ser humano), uma maneira de saber é procurar grandes problemas de memória. Em 2019, apenas algumas IAs estão começando a acompanhar informações de longo prazo em uma história — e mesmo assim, elas tenderão a perder o controle de algumas informações cruciais.

Muitas IAs geradoras de texto podem acompanhar apenas algumas palavras de cada vez. Por exemplo, eis o que uma **rede neural recorrente (RNN)** escreveu após ser treinada com 19 mil descrições de sonhos de pessoas no dreamresearch.net:

```
Levanto-me e ando pelo corredor até a casa dele
e vejo um pássaro na gaveta muito estreita e é um
grupo de pessoas nas portas manuais. Em casa, como
um homem mais velho vai comprar algumas chaves.
Ele olha para a sua cabeça com um dispositivo de
papelão e então minhas pernas estão estacionadas
na mesa.
```

Agora, sonhos são notoriamente incoerentes, alternando ambientes, humor e até personagens no meio do caminho. Esses sonhos da rede neural, no entanto, não mantêm a coerência por mais de uma frase ou algo assim — às vezes consideravelmente menos. Personagens que nunca foram apresentados são referidos como se estivessem lá o tempo todo. Todo o sonho se esquece de onde está.

Frases individuais podem fazer sentido, e o ritmo das palavras soa bem se você não prestar atenção no que está acontecendo. Combinar as qualidades superficiais da fala humana sem um significado mais profundo é uma marca registrada do texto gerado pela rede neural.

Na próxima página há outro exemplo, desta vez uma receita, no qual é ainda mais fácil ver os efeitos da limitação da memória. Essa receita foi gerada pela mesma rede neural recorrente, ou algoritmo de aprendizado de máquina, que gerou as receitas nas páginas 39–40. (Como você pode ver, é aquela que aprendeu com várias receitas, incluindo, aparentemente, receitas de morcilha, um tipo de linguiça de sangue.) Essa rede neural cria uma receita letra por letra, observando as letras que já gerou para decidir qual será a próxima. Mas cada letra extra que ela visualiza requer mais memória e há um limite de memória disponível no computador que a está executando. Portanto, para tornar as demandas de memória gerenciáveis, a rede neural analisa apenas os caracteres mais recentes, alguns de cada vez. Para esse algoritmo em particular e para o meu computador, a maior memória que eu pude fornecer foi de 65 caracteres. Assim, toda vez que ela apresentava a próxima letra da receita, havia apenas informações sobre os 65 caracteres anteriores.** Você pode perceber onde, na receita, ela ficou sem memória e esqueceu que estava fazendo uma sobremesa de chocolate — mais ou menos quando decidiu adicionar pimenta preta e seja lá o que for "creme de arroz".

Essa limitação de memória está começando a mudar. Pesquisadores estão trabalhando na criação de redes neurais recorrentes que podem analisar características de curto *e* longo prazo ao prever as próximas letras em um texto. A ideia é semelhante aos algoritmos que examinam, primeiro, as características de pequena escala nas imagens (bordas e texturas, por exemplo) e depois diminuem o zoom para

** Também continha um pouquinho de memória de longo prazo, em que era possível acompanhar as informações por mais tempo do que aqueles espaços de 65 caracteres, mas essa quantidade de memória era muito pequena para armazenar uma lista inteira de ingredientes. Em termos de aprendizado de máquina, isso torna esse algoritmo uma rede neural de **Long Short Term Memory (LSTM)** em vez de uma simples RNN.

*A dificuldade será lembrar o que ela já escreveu. Ela vê apenas 65 caracteres por vez: do começo ao primeiro ponto e vírgula. Será que poderá pelo menos se ater a doce versus salgado?*

*O formato é fácil. Comece com um título, depois faça uma categoria, depois os ingredientes e depois as instruções. Previsível. É sempre assim. Coisas previsíveis são fáceis.*

```
Morcilha de Chocolate com Caldo de Manteiga

queijo/ovos

113g de cacau; moído bem fino
1 colher de chá de manteiga
½ xícara de leite
¼ colher de chá de pimenta
¼ de xícara de creme de arroz picado
450g de creme
1 casca de gergelim

----TÂMARA SAGRADA---

1 ovo grande
1 barra de açúcar em pó
¼ xícara de manteiga ou margarina, derretida

Açúcar mascavo, chocolate; fermento em pó, cerveja, suco de
limão e sal em pedaços no bolo untado de 22 x 5 centímetros.
Refrigere até dourar e borbulhar.
Coloque o alho ao meio por pieoun por cima para fazer mais
uso do louro.
Coloque na frigideira em forno preaquecido.
Polvilhe com salsa fresca para cozinhar.

Comendo o prato por centena em panela de óleo, puxe meia
e meia. Coloque em uma tigela. Bata o comprimento em uma
tira de calaparo e doure na manteiga, cozinhando o tempero.
Polvilhe com cebola. & Puxe quando as bolhas e a cenoura
estiverem cozidas, cerca de 5 minutos. Em uma hora de 38
centímetros, uma mistura de liquidificador ou papel-man-
teiga com os pedaços secos para ferver (que é descoberto.)
Rendimento: 1 bolo
```

*Ok, eu teria colocado "sobremesas" aqui. Vamos tentar acompanhar.*

*Isso é feito de sangue. Um começo interessante.*

*Ah, bom, cacau! Ainda não esquecemos do chocolate. Mal está nos 65 caracteres de memória.*

*Espere, já é... bem, é bom ter certeza, eu acho.*

*Por que teríamos 1 gergelim? Claramente um erro aqui. E descascá-lo parece entediante.*

*O gergelim nos aproxima perigosamente do território salgado.*

*Estes não estava na list de ingrediente que já não est mais na memór agora. Te chocolate, mc está chutand*

*Letras maiúsculas são um desafio particular, porque são tratadas como completamente independentes das minúsculas. A rede neural precisa aprendê-las independentemente do zero, com muito poucos exemplos.*

*Cobertura! A Tâmara Sagrada parece ser a cobertura. Deve ter retirado isso de uma receita de bolo. Estamos de volta ao território das sobremesas.*

*Oh-oh. Ambiguidade. "Até dourar" pode ser doce ou salgado. "Borbulhante" inclina a balança e agora — Alho. Fim de jogo.*

*Parece um pouco pequeno. E isso não deveria ser uma panela?*

*Ah, não. Está completamente perdida. Não há informações suficientes para descobrir o que está acontecendo. Isso é sopa? Fritada? Não há boas opções de grande probabilidade. Até sua ortografia sofre à medida que falha.*

*Pelo menos, ler brou-se de fech o parêntes Provavelmen há um neurôn apenas acor panhando parêntese*

*A rede neural pelo menos sabe como fechar uma receita. Estávamos fazendo bolo, certo? Vamos dizer que é bolo.*

*Às vezes ela sabe que deve terminar a receita em breve porque estamos adicionando cobertura ou servindo com alguma coisa. Com esse caos, ela deve ter apenas chutado. Às vezes, essas receitas continuam por várias páginas, a rede neural não faz ideia de quanto tempo se passou.*

ver a foto grande. Essas estratégias são chamadas de **convolução**. Uma rede neural que usa convolução (e que também é centenas de vezes maior que a que eu treinei no meu laptop) pode acompanhar as informações por tempo suficiente para permanecer no tópico. A receita a seguir é de uma rede neural chamada GPT-2, que a OpenAI treinou em uma grande variedade de páginas da web e que, então, aperfeiçoei, treinando-a em todos os tipos de receitas.

```
Bolo com Pedaços

bolos, sobremesas

8 xícaras de farinha
1,8kg de manteiga; temperatura ambiente
2 ¼ xícaras de xarope de milho; separadas
2 ovos; amassado e resfriado
1 colher de chá de creme de tártaro
½ xícara de m&ms
20ml de clara em pedaços
1 chocolate peneirado

Bata 2 ¼ xícaras de farinha em velocidade média
até engrossar.
Unte levemente e polvilhe com farinha dois ingre-
dientes de caixa forrada com papel-manteiga untado;
combine farinha, xarope e ovos. Adicione o creme
de tártaro. Despeje em uma forma de pão do tama-
nho de um galão. Asse em forno a 230 graus por
35 minutos. Enquanto isso, em uma tigela grande,
misture xarope, claras e chocolate; mexa até ficar
bem misturado. Resfrie a panela. Despeje 2 colhe-
res de sopa da mistura de chocolate sobre o bolo
inteiro. Leve à geladeira até a hora de servir.
Rendimento: 20 porções
```

Com sua memória melhorada por convolução, a rede neural GPT-2 lembra de usar a maioria de seus ingredientes e até lembra que deveria estar fazendo bolo. Suas direções ainda são um pouco improváveis — a farinha de trigo não engrossa, não importa quanto tempo você bata, e é improvável que a mistura de farinha/xarope/ovo se transforme em bolo, mesmo com a adição de creme de tártaro. Ainda é uma melhoria impressionante em comparação com a Morcilha de Chocolate com Caldo de Manteiga.

Aqui está outro exemplo da GPT-2, desta vez ela tenta escrever fanfiction de Harry Potter. O algoritmo foi capaz de acompanhar quais personagens estavam em cena e até se lembrar de temas recorrentes — nesse caso, lembrando que já havia uma cobra na cabeça de Snape.

```
Snape: Eu entendo.
[Uma cobra aparece e Snape a coloca em sua
   cabeça e ela parece falar. Diz "eu te
   perdoo".]
HARRY: Você não pode voltar se não perdoar.
Snape: [suspirando] Hermione.
HARRY: Ok, escuta.
Snape: Quero lhe pedir desculpas por ter
   ficado bravo e chateado com isso.
HARRY: Não é culpa sua.
HARRY: Não foi isso que eu quis dizer.
[Outra cobra aparece e diz "E eu te perdoo".]
HERMIONE: E eu te perdoo.
Snape: Sim.
```

Outra estratégia para lidar com os limites de memória é agrupar unidades básicas para que a rede neural possa obter coerência enquanto lembra de menos coisas. Em vez de lembrar de 65 letras, ela pode se lembrar de 65 palavras inteiras ou mesmo de 65 elementos de trama. Se eu tivesse restringido minha rede neural a um conjunto especialmente criado de ingredientes necessários e intervalos permitidos — como fez uma equipe do Google ao tentar criar um novo biscoito de chocolate sem glúten — ela sempre produziria receitas válidas.[17] Infelizmente, o resultado do Google, embora mais parecido com um biscoito do que qualquer coisa que meu algoritmo pudesse ter produzido, ainda era terrível.[18]

## EXISTE UMA MANEIRA MAIS SIMPLES DE RESOLVER ESSE PROBLEMA?

Isso nos leva a uma das coisas decisivas que determinam se um problema é bom para a IA (embora não determine se as pessoas tentarão usar a IA para resolver o problema de qualquer maneira): seria a IA realmente a maneira mais simples de resolvê-lo?

Alguns problemas eram difíceis de resolver antes de termos modelos grandes de IA e muitos dados. A IA revolucionou o reconhecimento de imagens e a tradução de idiomas, tornando onipresentes a marcação inteligente de fotos e o Google Tradutor. Esses são problemas difíceis para as pessoas escreverem em regras gerais, mas uma abordagem de IA pode analisar muitas informações e formar suas próprias regras. Ou uma IA pode analisar cem características de clientes de telefone que mudaram para um provedor diferente, e então descobrir como adivinhar quais clientes provavelmente estariam propensos a mudar no futuro. Talvez os clientes voláteis sejam jovens, morem em áreas com cobertura inferior à média e sejam clientes há menos de seis meses.

O perigo, no entanto, é aplicar mal uma solução complexa de IA para uma situação que seria mais bem tratada com um pouco de bom senso. Talvez os clientes que saem sejam os que estão no plano semanal de entrega de baratas — esse plano é *terrível*.

Oh, não, de
novo não
skitter skitter
skitter skitter
skitter skitter
Baratas
desta semana

## DEIXAR A IA DIRIGIR?

E os carros autônomos? Existem muitas razões pelas quais esse é um problema atraente para a IA. Gostaríamos muito de automatizar a direção, é claro — muitas pessoas acham tedioso ou, às vezes, até impossível. Um motorista de IA competente teria reflexos muito rápidos, nunca costuraria ou deslizaria em sua pista e nunca dirigiria agressivamente. Na verdade, os carros autônomos às vezes tendem a ser *muito* tímidos e têm problemas para se misturar com o tráfego na hora do rush ou virar à esquerda em uma rua movimentada.[19] Mas a IA nunca se cansaria e poderia conduzir o volante por inúmeras horas enquanto os humanos tiram um cochilo ou fazem uma festa.

Também podemos acumular muitos dados de exemplo, desde que possamos pagar motoristas humanos para percorrer milhões de quilômetros. Podemos facilmente criar simulações de direção virtual para que a IA possa testar e refinar suas estratégias em tempo acelerado.

Os requisitos de memória para dirigir também são modestos. A direção e a velocidade do momento não dependem de coisas que aconteceram cinco minutos atrás. A navegação cuida do planejamento para o futuro. Riscos na estrada, como pedestres e vida selvagem, vêm e vão em questão de segundos.

E, finalmente, controlar um carro autônomo é tão difícil que não temos outras boas soluções. A IA é a solução que nos levou mais longe até agora.

No entanto, é uma questão em aberto se dirigir é um problema estreito o suficiente para ser resolvido com a IA de hoje ou se será necessário algo mais parecido com a inteligência artificial geral (AGI) de nível humano que mencionei anteriormente. Até agora, os carros movidos com IA provaram ser capazes de percorrer milhões de quilômetros por conta própria, e algumas empresas relatam que um humano precisava intervir nos test-drives apenas uma vez a cada milhares de quilômetros. É essa necessidade rara de intervenção, entretanto, que está se mostrando difícil de eliminar completamente.

Os seres humanos precisaram resgatar as IAs de carros autônomos de várias situações. Geralmente, as empresas não divulgam os motivos desses tão chamados desengates, apenas o número deles, que é exigido por lei em alguns lugares. Isso pode ser em parte porque as razões para o desengate podem ser assustadoramente mundanas. Em 2015, um trabalho de pesquisa[20] listou alguns deles. Os carros em questão, entre outras coisas,

- viam galhos pendentes como um obstáculo;
- ficavam confusos sobre qual pista o outro carro estava;
- decidiam que o cruzamento tinha pedestres demais para lidar;
- não viam um carro saindo de uma garagem; e
- não viam um carro que parasse na sua frente.

Um acidente fatal em março de 2018 foi o resultado de uma situação como essa — a IA de um carro autônomo teve problemas para identificar um pedestre, classificando-o primeiro como um objeto desconhecido, depois como uma bicicleta e, finalmente, com apenas 1,3 segundos restantes para frear, como pedestre. (O problema foi agravado mais ainda pelo fato de os sistemas de frenagem de emergência do carro terem sido desativados a fim de alertar o motorista de backup do carro, mas o sistema não foi projetado para realmente alertá-lo. O motorista de backup também passou muitas e muitas horas andando sem necessidade de intervenção, uma situação que deixaria a grande maioria dos seres humanos menos alerta.)[21] Um acidente fatal em 2016 também ocorreu por causa de um erro de identificação de obstáculos — nesse caso, um carro autônomo falhou em reconhecer um caminhão como obstáculo (veja o quadro na próxima página).

Em 2016, houve um acidente fatal quando um motorista usou o recurso de piloto automático da Tesla nas ruas da cidade, em vez de usá-lo em estradas, para as quais era destinado. Um caminhão atravessou na frente do carro e a IA do piloto automático não conseguiu frear — não registrou o caminhão como um obstáculo que precisava ser evitado. De acordo com a análise de Mobileye (que projetou o sistema de prevenção de colisões), como o sistema deles havia sido projetado para dirigir em estradas, ele só foi treinado para evitar colisões traseiras. Ou seja, ele havia sido treinado apenas para reconhecer caminhões por trás, não pelo lado. Tesla relatou que, quando a IA detectou o caminhão, reconheceu-o como uma placa suspensa e decidiu que não precisava frear.[22]

caminhão!!
... placa de trânsito??

Isso sem mencionar as situações mais incomuns que podem ocorrer. Quando a Volkswagen testou sua IA na Austrália pela primeira vez, eles descobriram que ela ficava confusa com os cangurus. Aparentemente, nunca havia encontrado algo que pulasse.[23]

Dada a enorme variedade de coisas que podem acontecer em uma estrada — desfiles, emas em fuga, linhas elétricas derrubadas, lava, sinais de emergência com instruções incomuns, inundações de melaço e crateras —, é inevitável que ocorra algo que uma IA nunca viu em treinamento. É um problema difícil criar uma IA que possa lidar com algo completamente inesperado — que saberia que uma ema em fuga provavelmente correria descontroladamente enquanto uma cratera permaneceria parada, e entenderia intuitivamente que só porque a lava flui e empoça igual água, não significa que você possa dirigir por meio de uma poça dela.

As empresas automobilísticas estão tentando adaptar suas estratégias à inevitabilidade de falhas mundanas ou esquisitices na estrada. Elas estão tentando limitar os carros autônomos a rotas fechadas e controladas (isso não necessariamente resolve o problema das emas; elas são astutas) ou colocar uma caravana de caminhões autônomos para serem guiadas por um motorista humano. Em outras palavras, os comprometimentos estão nos levando a soluções que se parecem muito com o transporte público de massa.

**Níveis de autonomia dos carros autônomos**

| | |
|---|---|
| 0. Sem Automação | Controle de navegação de velocidade constante, no máximo.<br>Um modelo T Ford se aplica.<br>Você está dirigindo, fim da história. |
| 1.Assistência de Direção | Controle de navegação adaptável ou manutenção de faixa.<br>A maioria dos carros modernos tem isso.<br>Uma parte de você está dirigindo. |
| 2. Automação Parcial | 2 ou mais itens do nível 1 funcionam em conjunto.<br>O carro pode manter distância E seguir a estrada.<br>O motorista ainda deve estar pronto para assumir o controle. |
| 3. Automação Condicional | O carro pode dirigir sozinho em algumas condições.<br>Carros com modo de engarrafamento; modo rodovia.<br>O motorista raramente é necessário, mas deve estar PRONTO. |
| 4. Alta Automação | O carro não precisa de um motorista em uma rota controlada.<br>Às vezes, o motorista pode ir para o banco de trás e tirar uma soneca.<br>Em outras rotas, ainda precisa de um motorista. |
| 5. Automação Total | O carro nunca precisa de um motorista.<br>O carro pode nem ter volantes e pedais.<br>Volte a dormir. O carro tem tudo sob controle. |

Atualmente, quando as IAs ficam confusas, elas desengatam — ou seja, repentinamente devolvem o controle ao humano atrás do volante. O nível de automação 3, automação condicional, é o nível mais alto de autonomia de carro disponível comercialmente — no modo de piloto automático da Tesla, por exemplo, o carro pode dirigir por horas sem orientação, mas um motorista humano pode ser chamado para assumir a qualquer momento. O problema com esse nível de automação é que é melhor que o ser humano esteja ao volante e prestando atenção e não no banco de trás decorando biscoitos. E os seres humanos são muito, muito ruins em estarem alertas depois de horas tediosas observando ociosamente a estrada. O resgate humano geralmente é uma opção decente para preencher a lacuna entre o desempenho da IA que temos e o que precisamos, mas os humanos são muito ruins em resgatar carros autônomos.

Portanto, fabricar carros autônomos é ao mesmo tempo um problema de IA atraente e muito difícil. Para obter carros autônomos convencionais, talvez seja necessário comprometimento (como criar rotas controladas e manter-se no nível de automação número 4) ou talvez precisemos de uma IA significativamente mais flexível do que a IA que temos agora.

No próximo capítulo, veremos os tipos de IA que estão por trás de coisas como carros autônomos — modeladas a partir de cérebros, da evolução e até mesmo do jogo "descubra meu blefe".

CAPÍTULO 3

# Como ela realmente aprende?

Lembre-se de que, neste livro, estou usando o termo *IA* para designar "programas de aprendizado de máquina". (Consulte a tabela prática na página 8 para obter uma lista de coisas que eu estou considerando ou não como IA. Desculpe, pessoa em uma fantasia de robô.) Um programa de aprendizado de máquina, como expliquei no Capítulo 1, usa tentativa e erro para resolver um problema. Mas como esse processo funciona? Como um programa passa de produzir um amontoado de letras aleatórias a escrever piadas de toc-toc reconhecíveis, tudo sem que um humano diga como as palavras funcionam ou até o que é uma piada?

Existem muitos métodos diferentes de aprendizado de máquina, muitos dos quais estão por aí há décadas, geralmente muito antes de as pessoas começarem a chamá-los de IA. Hoje, essas tecnologias são combinadas, ou remixadas, ou tornadas cada vez mais poderosas por meio de um processamento mais rápido e de conjuntos de dados maiores. Neste capítulo, veremos alguns dos tipos mais comuns, espiando por trás das cortinas para ver como elas aprendem.

## REDES NEURAIS

Hoje em dia, quando as pessoas falam sobre IA ou **aprendizagem profunda**, ao que geralmente estão se referindo são às **redes neurais artificiais (RNAs)**. (As RNAs também são conhecidas como **cibernética** ou **conexionismo**.)

Existem várias maneiras de criar redes neurais artificiais, cada uma destinada a uma aplicação específica. Algumas são especializadas para reconhecimento de imagens, outras para processamento de idiomas, outras para gerar música, outras para otimizar a produtividade de uma fazenda de baratas, outras para escrever piadas confusas. Mas elas são todas vagamente modeladas de acordo com o funcionamento do cérebro. É por isso que são chamadas de redes neurais artificiais — seus primos, **as redes neurais biológicas**, são os modelos originais e muito mais complexos. De fato, quando os programadores criaram as primeiras redes neurais artificiais, na década de 1950, o objetivo era testar teorias sobre como o cérebro funciona.

Em outras palavras, redes neurais artificiais são cérebros de imitação.

Elas são criadas a partir de vários pedaços simples de software, cada um capaz de executar cálculos muito simples. Esses pedaços são geralmente chamados de **células** ou **neurônios**, uma analogia aos neurônios que compõem nosso próprio cérebro. O poder da rede neural reside em como essas células estão conectadas.

Agora, comparadas aos cérebros humanos reais, as redes neurais artificiais não são tão poderosas. As que eu uso na maior parte da geração de texto neste livro têm tantos neurônios quanto… uma minhoca.

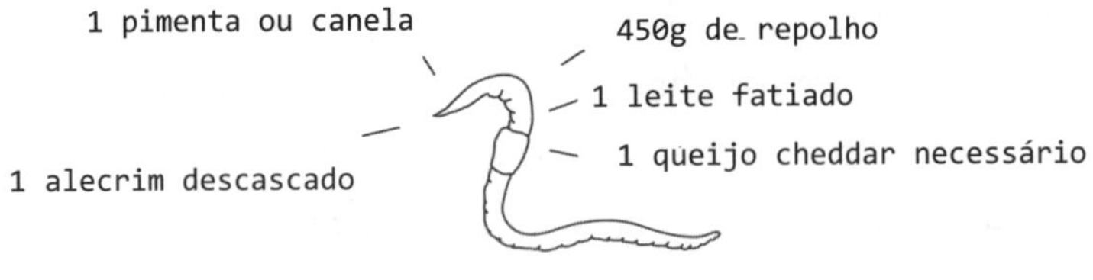

Ao contrário de um ser humano, a rede neural é pelo menos capaz de dedicar todo o seu cérebro de minhoca à tarefa em questão (se eu não a distrair acidentalmente com dados estranhos). Mas como você pode resolver problemas usando várias células interconectadas?

> As redes neurais mais poderosas, aquelas que levam meses e dezenas de milhares de dólares em tempo de computação para treinar, têm muito mais neurônios do que a rede neural do meu laptop, algumas até excedendo a contagem de neurônios de uma única abelha. Observando como o tamanho das maiores redes neurais do mundo aumentou ao longo do tempo, um pesquisador líder estimou em 2016 que as redes neurais artificiais poderiam ser capazes de chegar ao número de neurônios no cérebro humano por volta de 2050.[1] Isso significa que a IA alcançará a inteligência de um humano, então? Provavelmente nem perto disso. Cada neurônio no cérebro humano é muito mais complexo do que os neurônios de uma rede neural artificial — tão complexo que cada neurônio humano se parece mais com uma rede neural completa de várias camadas por si só. Portanto, em vez de ser uma rede neural composta de 86 bilhões de neurônios, o cérebro humano é uma rede neural feita de 86 bilhões de redes neurais. E há muito mais complexidades em nossos cérebros do que nas RNAs, incluindo muitas que ainda não entendemos completamente.

## O BURACO DE SANDUÍCHE MÁGICO

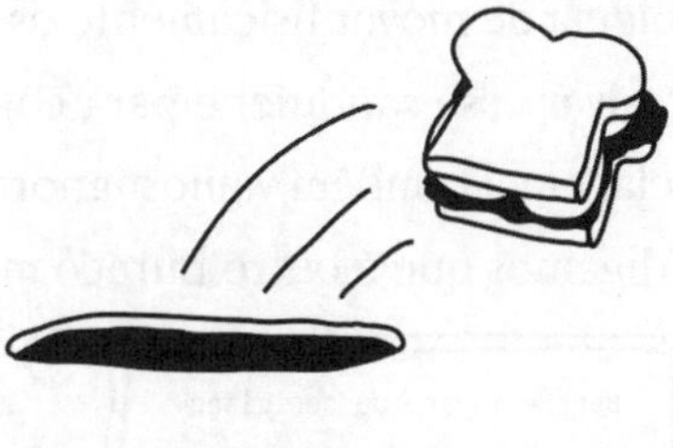

Digamos, hipoteticamente, que descobrimos um buraco mágico no solo que produz um sanduíche aleatório a cada poucos segundos. (Ok, isso é *muito* hipotético.) O problema é que os sanduíches são muito, muito aleatórios. Os ingredientes incluem geleia, cubos de gelo e meias velhas. Se quisermos encontrar os bons, teremos que sentar em frente ao buraco o dia todo e separá-los.

Que pena,
cera de ouvido

Mas isso vai ficar entediante. Os sanduíches bons são apenas um em mil. No entanto, eles *são* sanduíches muito, muito bons. Vamos tentar automatizar o trabalho.

Eu posso ajudar!

Para economizar tempo e esforço, queremos construir uma rede neural que possa analisar cada sanduíche e decidir se ele é bom. Por enquanto, vamos ignorar o problema de como fazer a rede neural reconhecer os ingredientes dos quais os sanduíches são feitos — esse é um problema muito difícil. E vamos ignorar o problema de como a rede neural vai pegar cada sanduíche. Isso também é muito, muito difícil — não apenas reconhecer o movimento do sanduíche quando ele voa do buraco, mas também instruir um braço robótico a pegar tanto um sanduíche fino de papel e óleo de motor quanto um sanduíche grosso de bola de boliche e mostarda. Vamos supor, então, que a rede neural sabe o que há em cada sanduíche e que resolvemos o problema de mover fisicamente os sanduíches. Ela só precisa decidir se deve salvar esse sanduíche para consumo humano ou jogá-lo na calha de reciclagem. (Também vamos ignorar o mecanismo da calha de reciclagem — digamos que é outro buraco mágico.)

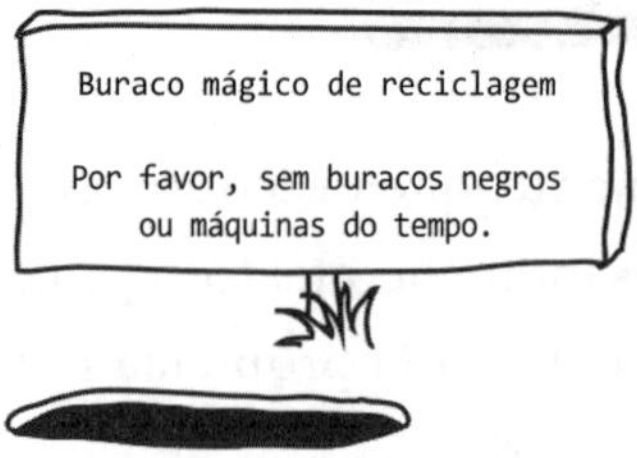
Buraco mágico de reciclagem
Por favor, sem buracos negros
ou máquinas do tempo.

Isso reduz nossa tarefa a algo simples e limitado — o que a torna, como descobrimos no Capítulo 2, uma boa candidata à automação com um algoritmo de aprendizado de máquina. Temos várias entradas (os nomes dos ingredientes) e queremos criar um algoritmo que as use para descobrir nossa única saída, um número que indica se o sanduíche é bom. Podemos desenhar uma imagem simples da "caixa preta" do nosso algoritmo, e fica assim:

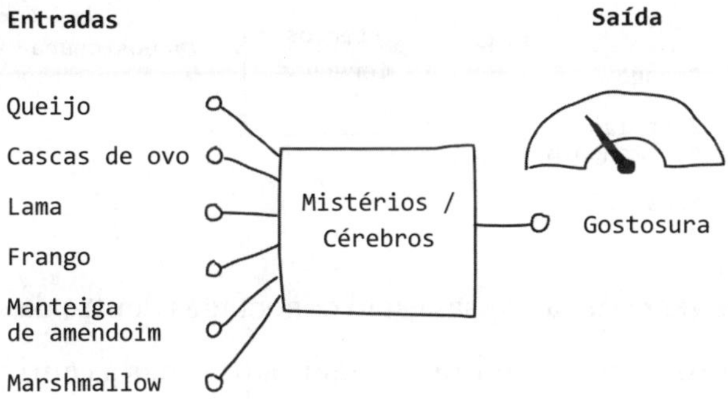


Queremos que a saída de "gostosura" mude dependendo da combinação de ingredientes no sanduíche. Portanto, se um sanduíche contém casca de ovo e lama, nossa caixa preta deve fazer o seguinte:

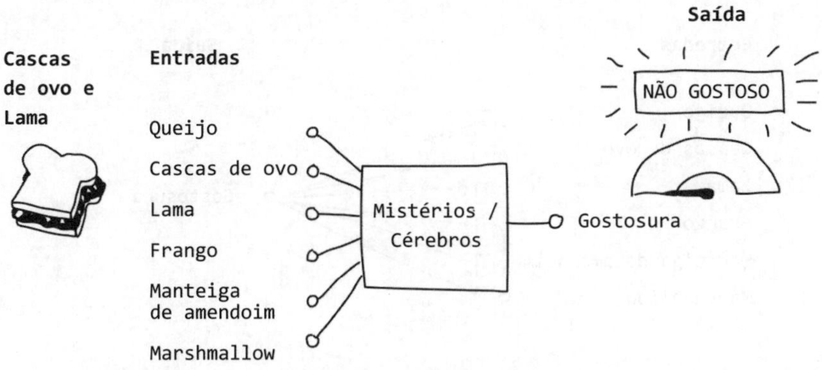

Mas se o sanduíche tiver frango e queijo, ela deveria, então, fazer isso:

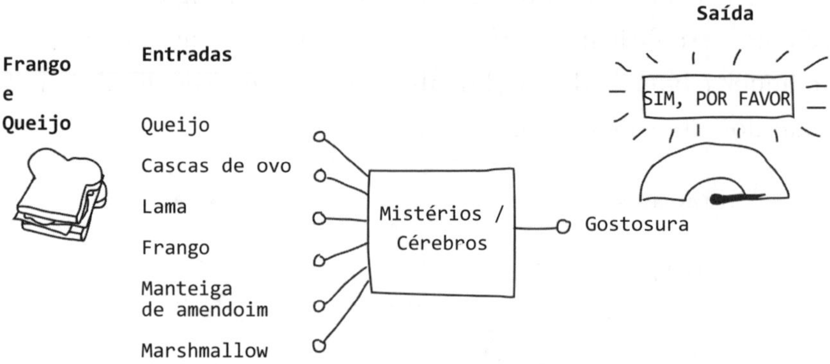


Vamos ver como as coisas estão conectadas dentro da caixa preta.

Primeiro, vamos simplificar. Ligaremos todas as entradas (todos os ingredientes) à nossa única saída. Para obter nossa classificação de gostosura, adicionaremos a contribuição de cada ingrediente. Claramente, cada ingrediente não deve contribuir igualmente — a presença de queijo deixaria o sanduíche mais delicioso, enquanto a presença de lama o deixaria menos delicioso. Então, cada ingrediente ganha um peso diferente. Os bons ganham peso 1, enquanto os que queremos evitar ganham 0. Nossa rede neural se parece com isso:

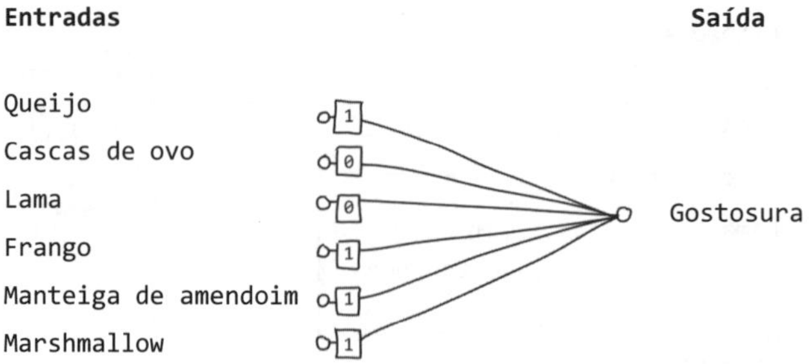

Vamos testá-la com algumas amostras de sanduíches. Suponha que o sanduíche contenha lama e casca de ovo. A lama e as cascas de ovos contribuem com 0, então a classificação de gostosura é 0 + 0 = 0.

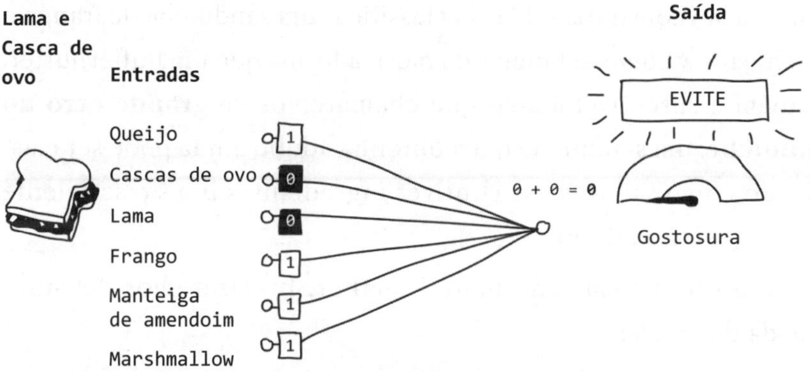


Mas um sanduíche de manteiga de amendoim e marshmallow terá uma classificação de 1 + 1 = 2. (Parabéns! Você foi abençoado com essa iguaria da Nova Inglaterra, um fluffernutter.)

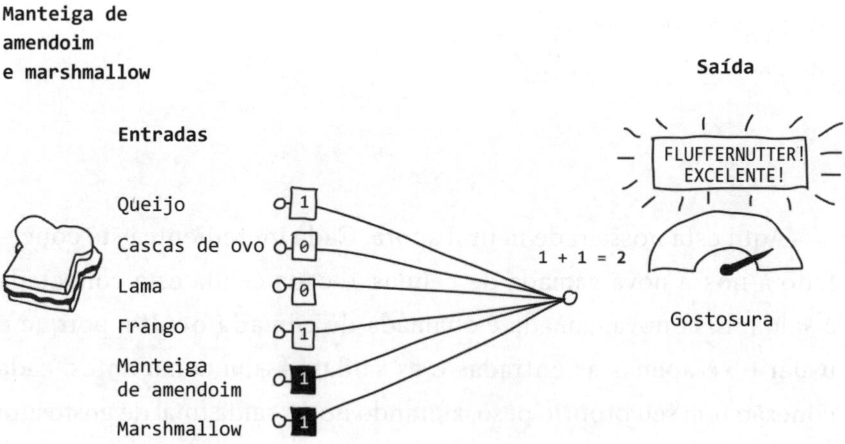

Com essa configuração de rede neural, evitamos com êxito todos os sanduíches que contêm apenas cascas de ovos, lama e outras coisas não comestíveis. Mas essa rede neural simples de uma camada não é sofisticada o suficiente para reconhecer que alguns ingredientes, embora deliciosos por si só, não são deliciosos em combinação com outros. Ela vai classificar um sanduíche de frango e marshmallow como delicioso, da mesma forma que um fluffernutter. Também é suscetível a algo que chamaremos de **grande erro do sanduíche**: um sanduíche que contenha adubo ainda pode ser classificado como saboroso se contiver ingredientes bons o suficiente para cancelar o adubo.

Para obter uma rede neural melhor, precisaremos de outra camada de células.

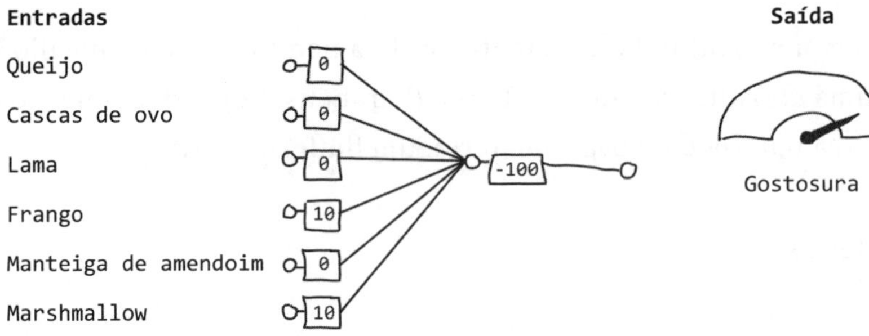


Aqui está nossa rede neural agora. Cada ingrediente está conectado à nossa nova camada de células, e cada célula está conectada à saída. Essa nova camada é chamada de **camada oculta**, porque o usuário vê apenas as entradas e as saídas. Assim como antes, cada conexão tem seu próprio peso, afetando nossa saída final de gostosura de maneiras diferentes. Ainda não é uma aprendizagem profunda (que exigiria ainda mais camadas), mas estamos chegando lá.

## APRENDIZAGEM PROFUNDA

Ao adicionar camadas ocultas à nossa rede neural, obtemos um algoritmo mais sofisticado, capaz de julgar sanduíches para além da soma de seus ingredientes. Neste capítulo, adicionamos apenas uma camada oculta, mas as redes neurais do mundo real geralmente têm várias. Cada nova camada significa uma nova maneira de combinar os aspectos da camada anterior — com níveis cada vez mais altos de complexidade, é o que esperamos. Essa abordagem — muitas camadas ocultas para muita complexidade — é conhecida como **aprendizagem profunda.**

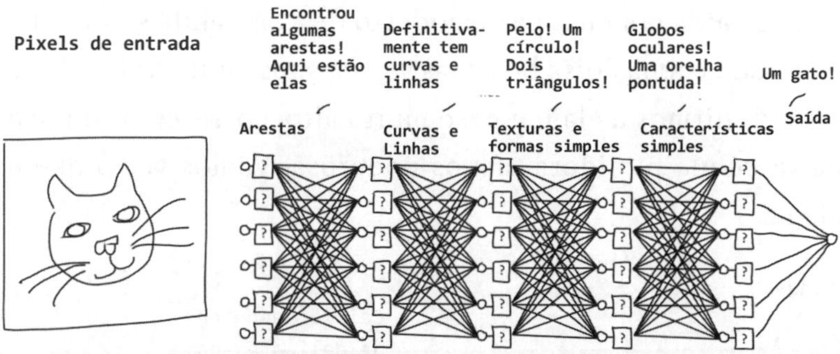


Com essa rede neural, podemos finalmente evitar ingredientes ruins ao conectá-los a uma célula que chamaremos de punidora. Vamos dar a essa célula um enorme peso negativo (digamos -100) e conectar tudo de ruim a ela com um peso de 10. Vamos fazer da primeira célula a punidora e conectar a lama e as cascas de ovos a ela. Ficaria assim:

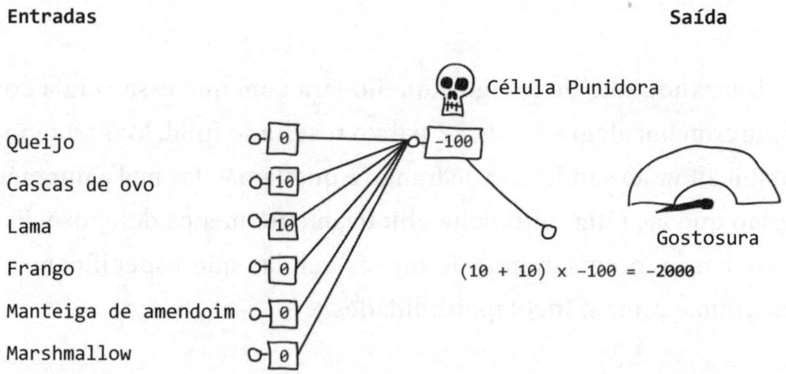

Agora, não importa o que aconteça nas outras células, é provável que um sanduíche falhe se contiver casca de ovo ou lama. Usando a célula punidora, podemos vencer o grande erro do sanduíche.

Podemos fazer outras coisas com o resto das células — como finalmente criar uma rede neural que saiba quais combinações de ingrediente funcionam. Vamos usar a segunda célula para reconhecer sanduíches de frango e queijo. Vamos nos referir a ela como a célula sanduíche de delicatessen. Conectamos frango e queijo a ela com pesos de 1 (também faremos isso com presunto, peru e maionese) e conectamos todo o resto com pesos de 0. E essa célula se conecta à saída com um peso modesto de 1. A célula sanduíche de delicatessen é uma coisa boa, mas se ficarmos muito animados com isso e atribuirmos a ela um peso muito alto, correremos o risco de tornar a célula punidora menos poderosa. Vamos ver o que essa célula faz.

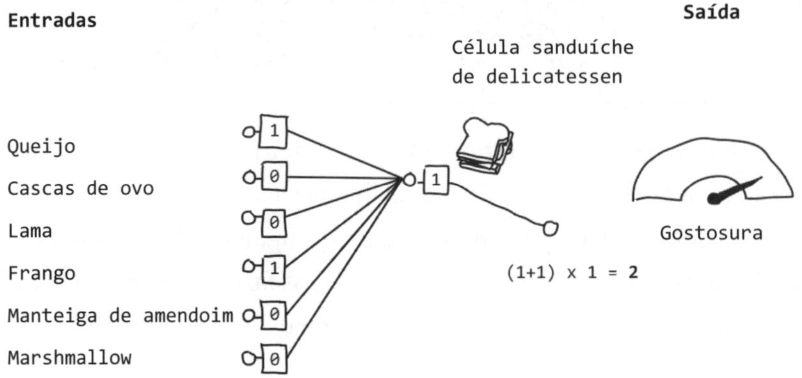


Um sanduíche de frango e queijo fará com que essa célula contribua com um alegre 1 + 1 = 2 para o resultado final. Mas adicionar marshmallow ao sanduíche de frango e queijo não faz mal a ninguém, mesmo que faça um sanduíche objetivamente menos delicioso. Para corrigir isso, precisaremos de outras células que especificamente procurem e punam incompatibilidades.

A célula 3, por exemplo, pode procurar a combinação frango-marshmallow (vamos chamá-la de cluckerfluffer) e punir severamente qualquer sanduíche que a contenha. Seria ligada assim:

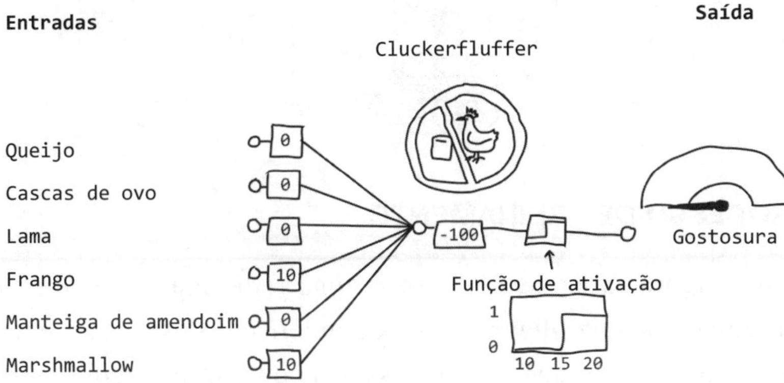


A célula 3 responde com um devastador (10 + 10) × -100 = - 2000 para qualquer sanduíche que ouse combinar frango e marshmallow. Está agindo como uma célula punidora muito especializada, projetada especificamente para punir frango e marshmallow. Observe que eu mostrei uma parte extra da célula cluckerfluffer aqui, chamada **função de ativação**, porque, sem ela, a célula punirá *qualquer* sanduíche que contenha frango *ou* marshmallow. Com um limite de 15, a função de ativação impede que a célula seja ligada quando apenas frango (10 pontos) ou marshmallow (10 pontos) estiver presente — ela responderá com um 0 neutro. Mas se *ambos* estiverem presentes (10 + 10 = 20 pontos), o limite de 15 é excedido e a célula é ativada. *Boom!* A célula ativada pune qualquer combinação de ingredientes que exceda seu limite.

Com todas as células conectadas em configurações igualmente sofisticadas, temos uma rede neural que pode escolher os melhores sanduíches que o buraco mágico tem a oferecer.

## O PROCESSO DE TREINAMENTO

Portanto, agora sabemos como seria uma rede neural de seleção de sanduíche bem configurada. Mas o objetivo do uso da aprendizagem de máquina é que não precisamos configurar a rede neural manualmente. Em vez disso, ela deve ser capaz de *se* configurar em algo que faça um ótimo trabalho de escolha de sanduíches. Como esse processo de treinamento funciona?

Vamos voltar a uma rede neural simples de duas camadas. No início do processo de treinamento, ela começa completamente do zero, com pesos aleatórios para cada ingrediente. Provavelmente, é muito, muito ruim em classificar sanduíches.

Precisaremos treiná-la com alguns dados do mundo real — alguns exemplos da maneira correta de classificar um sanduíche, demonstrado por humanos reais. Conforme a rede neural classifica cada sanduíche, ela precisa comparar suas classificações com as de um painel de jurados cooperativos de sanduíche. Nota: nunca seja voluntário para testar os estágios iniciais de um algoritmo de aprendizado de máquina.

Para este exemplo, voltaremos à rede neural muito simples. Lembre-se, como estamos tentando treiná-la do zero, ignoramos todo o nosso conhecimento prévio sobre quais devem ser os pesos e partimos de outros aleatórios. Aqui estão eles:

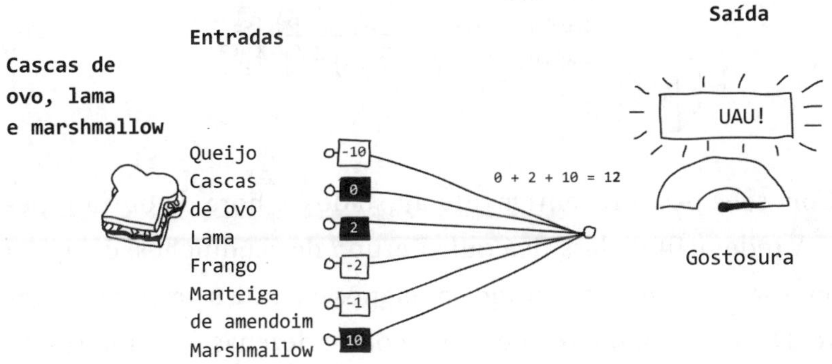


Ela *odeia* queijo. Ela *ama* marshmallow. Gosta bastante de lama. E pouco se importa com as cascas de ovo.

A rede neural olha para o primeiro sanduíche que sai do buraco de sanduíche mágico e, usando seu julgamento (terrível), dá uma pontuação. É um sanduíche de marshmallow, casca de ovo e lama, então obtém uma pontuação de 10 + 0 + 2 = 12. Uau! Essa é uma pontuação muito, muito boa!

Ela apresenta o sanduíche ao painel de jurados humanos. Dura realidade: não é um sanduíche popular.

Agora vem a parte em que a rede neural tem uma chance de melhorar: ela olha para o que teria acontecido se seus pesos fossem ligeiramente diferentes. Deste sanduíche, ela não sabe qual é o problema. Será que ficou muito animada com o marshmallow? As cascas de ovos não são neutras, mas talvez até um pouquinho ruins? Ela não sabe dizer. Porém, se olhar para um lote de dez sanduíches, as pontuações que ela deu a eles e as pontuações que os jurados humanos deram a eles, poderá descobrir que, em geral, atribuindo à lama um peso menor, diminuindo a pontuação de qualquer sanduíche que contenha lama, suas pontuações corresponderiam um pouco melhor às dos juízes humanos.

Hm. Talvez lama não seja tão popular.

Com seus pesos recentemente ajustados, é hora de outra repetição. A rede neural classifica outro grupo de sanduíches, compara sua pontuação com a dos jurados humanos e ajusta seus pesos novamente. Depois de milhares de repetições e dezenas de milhares de sanduíches, os jurados humanos estão muito, muito cansados disso, mas a rede neural está se saindo muito melhor.

Eu acho que vocês vão odiar todos estes.
Correto.

No entanto, existem muitas armadilhas no caminho do progresso. Como mencionei anteriormente, essa rede neural simples apenas sabe se ingredientes específicos são geralmente bons ou ruins, e não é capaz de ter uma ideia diferenciada de quais combinações funcionam. Para isso, precisa de uma estrutura mais sofisticada, com camadas ocultas de células. Ela precisa desenvolver células punidoras e de sanduíche de delicatessen.

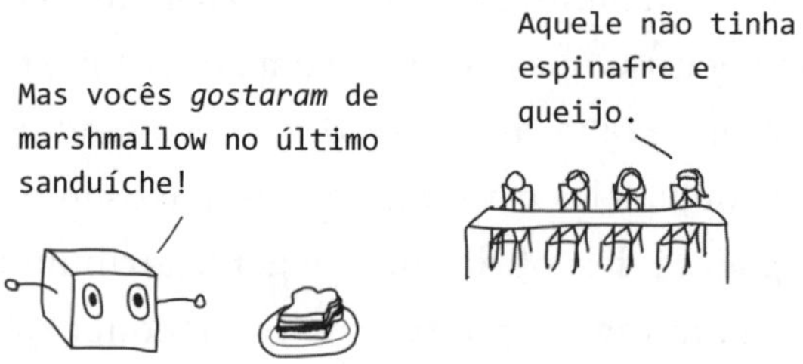
Mas vocês *gostaram* de marshmallow no último sanduíche!
Aquele não tinha espinafre e queijo.

Outra armadilha com a qual temos que tomar cuidado é a questão do **desequilíbrio de classe**. Lembre-se de que apenas um punhado de cada mil sanduíches do buraco de sanduíche são deliciosos. Em vez de passar por todo o trabalho de descobrir como pesar cada ingrediente ou como usá-los em combinação, a rede neural pode perceber que atingiria 99,9% de precisão se classificasse cada sanduíche como terrível, não importa o que aconteça.

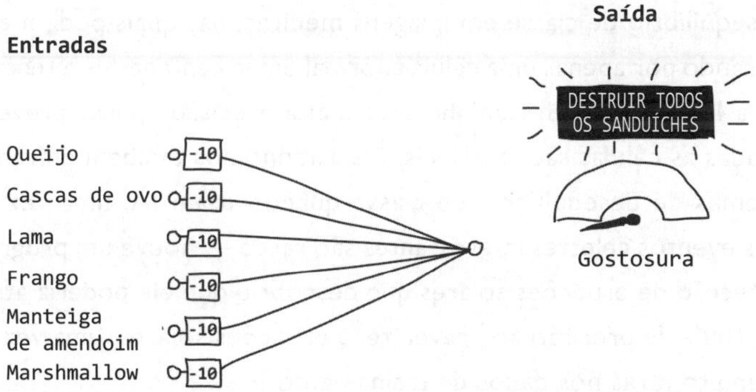


Para combater o desequilíbrio de classe, precisamos pre-filtrar nossos sanduíches de treinamento para que haja proporções aproximadamente iguais de sanduíches deliciosos e horríveis. Mesmo assim, a rede neural pode não aprender sobre ingredientes que geralmente devem ser evitados, mas que são deliciosos em circunstâncias muito específicas. O marshmallow pode ser um exemplo de ingrediente assim — péssimo com a maioria dos ingredientes comuns do sanduíche, mas delicioso em um fluffernutter (e talvez com chocolate e bananas). Se a rede neural não vir fluffernutters em treinamento ou os vir muito raramente, ela talvez decida que poderia alcançar uma precisão muito boa rejeitando qualquer coisa que contenha marshmallow.

Problemas relacionados ao desequilíbrio de classe aparecem o tempo todo em aplicações práticas, geralmente quando pedimos à IA que detecte um evento raro. Quando as pessoas tentam prever quando os clientes deixarão uma empresa, elas têm muito mais exemplos de clientes que ficam do que clientes que saem, então existe o perigo de a IA tomar o atalho para decidir que todos os clientes ficarão para sempre. Detectar logins fraudulentos e ataques de hackers tem um problema semelhante, pois ataques reais são raros. As pessoas também relatam problemas de desequilíbrio de classe em imagens médicas, nas quais podem estar procurando por apenas uma célula anormal entre centenas — a tentação é que a IA encurte seu caminho para a alta precisão apenas prevendo que todas as células são saudáveis. Os astrônomos também enfrentam problemas de desequilíbrio de classe quando usam IA, uma vez que muitos eventos celestes interessantes são raros — houve um programa de detecção de erupções solares que descobriu que ele poderia atingir quase 100% de precisão ao prever zero erupções solares, uma vez que eram muito raras nos dados de treinamento.[2]

Quais dos nossos 100 clientes vão sair?
Nenhum deles.
E quanto àquele que está no plano semanal de baratas?
Ninguém. Vai. Sair.
Você tem certeza?
Sim. Eu estou 99% certo.

## QUANDO CÉLULAS TRABALHAM JUNTAS

No exemplo de classificação de sanduíche, dito anteriormente, vimos como uma camada de células pode aumentar a complexidade das tarefas que uma rede neural pode executar. Construímos uma célula sanduíche de delicatessen que respondia a combinações de carnes delicatessen e queijos, e construímos uma célula cluckerfluffer que punia qualquer sanduíche que tentasse usar frango e marshmallow em combinação. Mas em uma rede neural que treina a si mesma, usando tentativa e erro para ajustar as conexões entre as células, geralmente é muito mais difícil identificar o trabalho de cada célula específica. As tarefas tendem a se espalhar entre várias células — e, no caso de algumas células, é difícil ou impossível dizer quais tarefas elas realizam.

Para explorar esse fenômeno, vamos ver algumas das células de uma rede neural totalmente treinada. Construída e treinada por pesquisadores da OpenAI,[3] essa rede neural em particular analisou mais de 82 milhões de avaliações de produtos da Amazon, letra por letra, e tentou prever qual letra viria a seguir. Essa é outra rede neural recorrente, do mesmo tipo geral que produziu as piadas de toc-toc, os sabores de sorvete e as receitas listadas nos Capítulos 1 e 2. Essa é maior — contém aproximadamente o número de neurônios de uma água-viva. Aqui estão alguns exemplos de avaliações que ela gerou:

```
Este é um ótimo livro que eu recomendaria para
quem ama a excelente história dos personagens e
da série de livros.
Eu amo essa música. Eu a ouço repetidamente e nunca
me canso. É tão viciante. Eu a amo!!
Este é o melhor produto que já usei para limpar
meu chuveiro. Não é gorduroso e não tira a água
da água e mancha o tapete branco. Tenho usado há
alguns anos e funciona bem para mim.
Esses DVDs de exercícios são muito úteis. Você
pode cobrir toda a sua bunda com eles.
Eu comprei isso pensando que seria bom para a
garagem. Quem tem muita água de lago? Eu estava
totalmente errado. Foi simples e rápido. O urso-
-pardo da noite não o prejudicou e nós o temos há
mais de 3 meses. Os convidados estão inspirados e
realmente gostam. Meu pai adora!
```

Essa rede neural específica contém uma entrada para cada letra ou sinal de pontuação que ela pudesse encontrar (semelhante ao classificador de sanduíches, que tinha uma entrada para cada ingrediente de sanduíche) e pode olhar para as últimas letras e sinais de pontuação que ficaram para atrás. (É como se a pontuação do avaliador de sanduíches dependesse um pouco dos últimos sanduíches que ela havia visto — talvez ela possa acompanhar se estamos cansados de sanduíches de queijo e ajustar a classificação do próximo sanduíche de queijo de acordo com isso.) E, em vez de ter uma única saída, como o classificador de sanduíches, a rede neural de avaliação tem muitas delas, uma saída para cada letra ou pontuação que ela pudesse escolher como o mais provável a seguir na avaliação. Se ela vir a sequência "tenho vinte batedeiras de ovo e esta é a minha favorita", então a letra *a* será a próxima escolha mais provável.

Com base nos resultados, podemos dar uma olhada em cada célula e ver quando ela está "ativa", permitindo-nos dar um palpite inteligente a respeito de sua função. No nosso exemplo de classificador de sanduíche, dito anteriormente, a célula sanduíche de delicatessen ficaria ativa quando visse muita carne e queijo e inativa quando visse meias, bolinhas de gude ou manteiga de amendoim. No entanto, a maioria dos neurônios da rede neural de avaliação de produtos da Amazon não será tão interpretável quanto as células delicatessen e os neurônios punidores. Em vez disso, a maioria das regras criadas pela rede neural será ininteligível para nós. Às vezes, podemos adivinhar qual será a função de uma célula, mas, muito frequentemente, não temos ideia do que ela está fazendo.

Aqui está a atividade de uma das células do algoritmo de avaliação de produtos (a 2.387ª), enquanto gera uma avaliação (branca = ativa, escura = inativa):

> Para mim, este é um dos poucos álbuns deles que eu tenho e que realmente me fez um fã instantâneo de pop clássico. Eu também tive um grande problema com o áudio com 10 novas músicas; a execução dos vocais e edição foram horríveis. No dia seguinte, eu estava em um estúdio de gravação e não sei dizer quantas vezes eu precisei pressionar o botão play para ver aonde a música estava indo.

Essa célula está contribuindo para a previsão da rede neural de quais letras vem seguir, mas sua função é misteriosa. Ela está reagindo a certas letras ou a certas combinações de letras, mas não de uma maneira que faça sentido para nós. Por que estava realmente empolgada com as letras *uns* em *álbuns*, mas não com as letras *al*? O que ela está realmente fazendo? É apenas uma pequena peça do quebra-cabeça trabalhando com muitas outras células. Quase todas as células de uma rede neural são tão misteriosas quanto esta.

No entanto, de vez em quando, há uma célula cujo trabalho é reconhecível — uma célula que é ativada sempre que estamos entre parênteses ou que é ativada cada vez mais incisivamente conforme uma frase fica mais longa.[4] As pessoas que treinaram a rede neural de avaliação de produto notaram que havia uma célula que estava fazendo algo que elas podiam reconhecer: estava respondendo se a avaliação era positiva ou negativa. Como parte de sua tarefa de prever a próxima letra em uma avaliação, a rede neural parece ter decidido que era importante determinar se deveria elogiar o produto ou criticá-lo. Aqui está a ativação do "neurônio do sentimento" nessa mesma avaliação. Observe que uma cor clara indica alta ativação, o que significa que ela pensa que a avaliação é positiva:

> Para mim, este é um dos poucos álbuns deles que eu tenho e que realmente me fez um fã instantâneo de pop clássico. Eu também tive um grande problema com o áudio com 10 novas músicas; **a execução dos vocais e edição foram horríveis. No dia seguinte,**

**eu estava em um estúdio de gravação e não sei dizer quantas vezes eu precisei pressionar o botão play para ver aonde a música estava indo.**

A avaliação começa muito positiva, e o neurônio do sentimento está muito ativo. No meio do caminho, no entanto, ela muda de tom e o nível de ativação da célula diminui bastante.

Aqui está outro exemplo do neurônio do sentimento em ação. Sua atividade é baixa quando a avaliação é neutra ou crítica, mas muda rapidamente sempre que detecta uma mudança de sentimento:

**O arquivo Harry Potter, do qual o anterior foi baseado (o que significa que possui um revestimento de tamanho padrão) pesa uma tonelada e esse é enorme!** Definitivamente vou colocá-lo em todas as torradeiras que tenho na cozinha desde então, é assim tão bom. Esse é um dos melhores filmes de comédia já feitos. É definitivamente o meu filme favorito de todos os tempos. Eu recomendaria isso a QUALQUER UM!

Mas ela é pior em detectar sentimentos em outros tipos de texto. A maioria das pessoas não classificaria essa passagem de "A Queda da Casa de Usher", de Edgar Allan Poe, como positiva em sentimentos, mas essa rede neural em particular acha que é majoritariamente positiva:

Dominado por um intenso sentimento de horror, inexplicável, mas insuportável, vesti minhas roupas com pressa (pois senti que não deveria dormir mais durante a noite) e me esforcei para me despertar da lamentável condição em que caíra, andando rapidamente de um lado para o outro pelo apartamento.

Eu acho que um filme pode dominá-lo com um sentimento intenso de horror e ser um bom filme, se é o que deveria fazer.

Novamente, é incomum encontrar uma célula em um algoritmo de geração ou análise de texto que se comporte de forma tão transparente quanto o neurônio do sentimento. O mesmo vale para outros tipos de redes neurais — e isso é muito ruim, já que gostaríamos de saber quando eles estão cometendo erros infelizes e aprender com suas estratégias.

Em algoritmos de reconhecimento de imagem, porém, é um pouco mais fácil encontrar células cujos trabalhos você pode identificar. Lá, as entradas são os pixels individuais de uma imagem em particular, e as saídas são as várias maneiras possíveis de classificar a imagem (cachorro, gato, girafa, barata e assim por diante). A maioria dos algoritmos de reconhecimento de imagem tem muitas e muitas camadas de células no meio — as camadas ocultas. E na maioria dos algoritmos de reconhecimento de imagem, existem células ou grupos de células cujas funções podemos identificar se analisarmos a rede neural da maneira correta. Podemos observar as coleções de células que são ativadas quando veem coisas específicas, ou podemos ajustar a imagem de entrada e ver quais alterações fazem com que as células sejam ativadas mais fortemente.

## DEEP DREAMING

Ajustar uma imagem para deixar os neurônios mais acesos com ela é a técnica usada para criar as famosas imagens do Google DeepDream, em que uma rede neural de identificação de imagens transformou imagens comuns em paisagens cheias de rostos alucinados de cachorros e conglomerados fantásticos de arcos e janelas.

Para criar uma imagem do DeepDream, você começa com uma rede neural treinada para reconhecer algo — cães, por exemplo. Então você escolhe uma de suas células e muda gradualmente a imagem para deixar a célula cada vez mais animada a seu respeito. Se a célula for treinada para reconhecer rostos de cães, ela ficará mais animada quanto mais ver áreas na imagem que pareçam rostos de cães. Quando você tiver alterado a imagem ao gosto da célula, ela estará altamente distorcida e estará coberta de cães.

O que você acha dessa pintura?
Meh.
E agora?
Estou intrigado.
E agora?
ESSA É A MELHOR PINTURA DO MUNDO

Os grupos menores de células parecem procurar por bordas, cores e texturas muito simples. Eles podem relatar linhas verticais, curvas ou texturas de gramas esverdeadas. Nas camadas subsequentes, grupos maiores de células procuram por coleções de bordas, cores e texturas ou por características simples. Alguns pesquisadores do Google, por exemplo, analisaram seu algoritmo de reconhecimento de imagem GoogLeNET e descobriram que ele tinha várias coleções de células que procuravam especificamente por orelhas flexíveis em vez de orelhas pontudas em animais, o que ajudava a distinguir cães de gatos.[5] Outras células ficavam atiçadas por pelos ou globos oculares.

As redes neurais geradoras de imagens também possuem algumas células que realizam trabalhos identificáveis. Podemos fazer "cirurgia cerebral" em redes neurais geradoras de imagens, removendo certas células para ver como a imagem gerada muda.[6] Um grupo do MIT descobriu que poderia desativar células para remover elementos das imagens geradas. Curiosamente, os elementos que a rede neural considerava "essenciais" eram mais difíceis de remover do que outros — por exemplo, era mais fácil remover as cortinas da imagem de uma sala de conferências do que remover as mesas e cadeiras.

Agora, vamos ver outro tipo de algoritmo, com o qual você provavelmente interagiu diretamente se já usou o recurso de previsão de texto de um smartphone.

## CADEIAS DE MARKOV

Uma cadeia de Markov é um algoritmo que pode resolver muitos dos mesmos problemas que a rede neural recorrente (RNR) que gerou receitas, sabores de sorvete, avaliações da Amazon e bandas de metal neste livro. Como a RNR, ela analisa o que aconteceu no passado (palavras usadas anteriormente em uma frase ou o clima da semana passada, por exemplo) e prediz o que é mais provável de acontecer.

As cadeias de Markov são mais leves que a maioria das redes neurais e mais rápidas de treinar. É por isso que a função de previsão de texto dos smartphones geralmente é uma cadeia de Markov e não uma RNR.

No entanto, uma cadeia de Markov fica exponencialmente mais pesada à medida que sua memória aumenta. A maioria das cadeias de Markov de texto previsto, por exemplo, tem memórias que guardam apenas de três a cinco palavras. As RNRs, por outro lado, podem ter memórias com centenas de palavras — ou até mais com o uso de **LSTM** (memória longa de curto prazo) e truques de convolução. No Capítulo 2, vimos quão importante é o tamanho da memória quando a memória curta faz com que uma RNR deixe de acompanhar informações importantes. O mesmo vale para as cadeias de Markov.

Treinei uma cadeia de Markov com um conjunto de dados de músicas da Disney usando um teclado de texto previsto treinável.[7] O treinamento levou apenas alguns segundos, em vez de alguns minutos para uma RNR. Mas essa cadeia de Markov tem uma memória de três palavras. Ou seja, as palavras sugeridas são as que acha mais provável com base nas três palavras anteriores da música. Quando eu a fiz criar uma música, escolhendo apenas sua sugestão principal a cada passo, eis o que ela produziu:

```
O mar)
Sob o mar)
Sob o mar)
Sob o mar)
```

```
Sob o mar)
Sob o mar)
Sob o mar)
```

Ela não sabe quantas vezes cantar "sob o mar" porque não sabe quantas vezes já cantou.

Se eu começar com o início da música "A Bela e a Fera" ("Conto tão velho quanto o tempo", em tradução livre), ela rapidamente fica presa novamente.

```
Conto tão velho quanto o tempo
música tão antiga quanto o tempo
música tão antiga quanto o tempo
música tão antiga quanto o tempo
```

Em vários versos de "A Bela e a Fera", as palavras "conto tão antigo quanto o tempo" são imediatamente seguidas pelas palavras "música tão antiga quanto a rima". Mas quando essa cadeia de Markov está olhando a frase "tão antigo quanto", não sabe no meio de qual dos dois versos está escrevendo.

Eu posso tirá-la da armadilha escolhendo a *segunda* palavra mais provável a cada passo. Então ela escreve o seguinte:

```
Um mundo inteiro
jovem mestre brilhante
você está com tudo
você pensa que está maravilhado
pelos poderes
e eu fiquei desanimado
lado escuro do fogo do inferno solitário
```

E escolhendo a terceira palavra mais provável de cada vez:

```
Você acha que eu posso me abrir
em que veremos como você se sente
todos os meus sonhos serão meus
é algo lá antes
ela estará melhor hora
```

Esses são bem mais interessantes, mas não fazem muito sentido. E músicas — e poesia — são um tanto permissivas quando se trata de gramática, estrutura e coerência. Se eu der à cadeia de Markov um conjunto de dados diferente para aprender, suas falhas se tornarão ainda mais óbvias.

Aqui está uma cadeia de Markov treinada com uma lista de pegadinhas de Dia da Mentira enquanto escolhe a próxima palavra mais provável em cada etapa. (Ela nunca sugeriu pontuação, portanto as quebras de linha são minhas adições.)

```
Arranque a maçaneta da porta e a coloque de volta
   ao contrário suavemente
Não faça nada o dia todo com uma companhia do
   anúncio de alguém no jornal
para uma venda de garagem em alguém de uma brin-
   cadeira iminente
Em seguida, não faça nada o dia todo com a com-
   panhia do anúncio de alguém no papel para uma
   venda de garagem em...
```

Não é provável que uma cadeia de Markov com texto previsto mantenha uma conversa com um cliente ou escreva uma história que possa ser usada como uma nova missão de videogame (são duas coisas que as pessoas estão tentando convencer as RNRs a fazer um dia). Mas uma coisa que ela pode fazer é sugerir palavras prováveis que podem vir a seguir em um determinado conjunto de treinamento.

As pessoas no Botnik, por exemplo, usam cadeias de Markov treinadas em vários conjuntos de dados (livros do Harry Potter, episódios de Star Trek, avaliações do Yelp e muito mais) para sugerir palavras a escritores humanos. As sugestões inesperadas da cadeia de Markov geralmente ajudam os escritores a levar seus textos em direções estranhamente surreais.

Em vez de permitir que a cadeia de Markov e sua memória curta tentem escolher a próxima palavra, posso deixar que ela venha com várias opções e as apresente para mim — assim como o texto previsto faz quando estou compondo uma mensagem de texto para alguém.

Aqui está um exemplo de como é interagir com uma das cadeias de Markov treinadas pelo Botnik, essa treinada a partir de livros do Harry Potter:

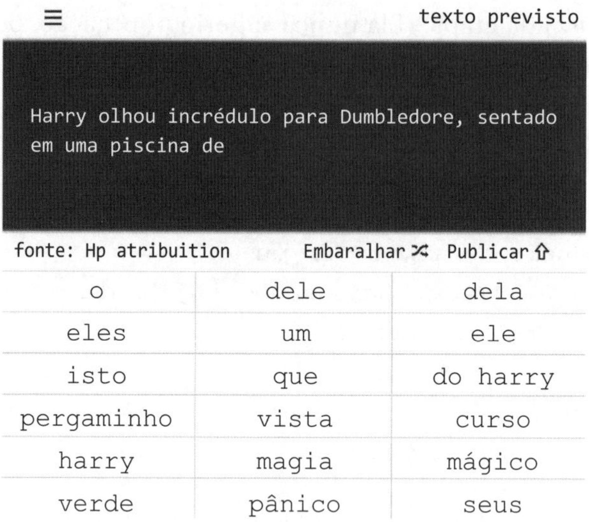


E aqui estão algumas novas pegadinhas de Dia da Mentira que escrevi com a ajuda do texto previsto de uma cadeia de Markov treinada:

```
Coloque bolinhas de papel filme nos seus lábios.
Organize a pia da cozinha em uma cabeça de galinha.
Coloque um bastão luminoso na mão e finja espir-
   rar no telhado.
Faça um assento de toalete em calças e depois peça
   ao seu carro para fazer xixi.
```

Para fins de comparação, também usei uma RNR mais complexa e com muitos dados para gerar pegadinhas de Dia da Mentira. Nesse caso, a RNR gerou toda a pegadinha, com pontuação e tudo. No entanto, ainda havia um elemento de criatividade humana envolvido — eu tive que examinar todas as brincadeiras geradas pela RNR procurando as mais engraçadas.

```
Faça uma comida no computador de escritório
   de alguém.
Oculte toda a entrada do prédio de seu escri-
   tório se ele tiver apenas uma entrada.
Colocar olhos arregalados no mouse de alguém
   para que não funcione.
Prepare uma tigela cheia de uma mistura de
   M&M, Skittles e Reese's Pieces.
Coloque um par de calças e sapatos no seu
   dispensador de gelo.
```

Você pode realizar experimentos semelhantes com o texto previsto incluso na maioria dos aplicativos de mensagens telefônicas. Se você começar com "eu nasci..." ou "era uma vez..." e continuar clicando nas palavras sugeridas pelo telefone, você receberá um texto estranho diretamente das entranhas de um algoritmo de aprendizado de máquina. E como o treinamento de uma nova cadeia de Markov é relativamente rápido e fácil, o texto que você recebe é específico para você. O texto previsto do seu telefone e as cadeias de Markov com correção automática são atualizados à medida que você digita, treinando a partir do que você escreve. Por isso, se você digitar errado, ele poderá assombrá-lo por algum tempo.

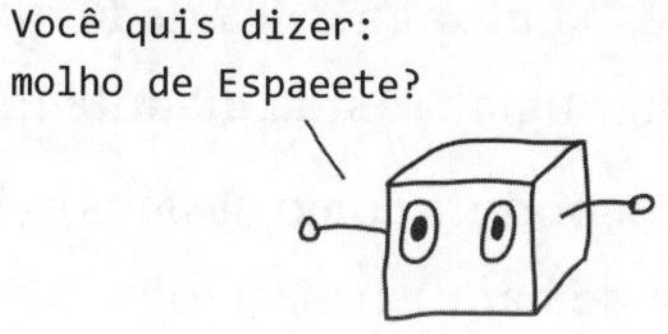
Você quis dizer:
molho de Espaeete?

O Google Docs pode ter sido vítima de um efeito semelhante quando os usuários relataram que a correção automática mudava "muito" para "muitoo" e sugeriam "bora" em vez de "embora". O Google estava usando uma correção automática contextual que examinava a internet para decidir quais sugestões fazer.[8] No lado positivo, uma autocorreção com reconhecimento de contexto é capaz de detectar erros de digitação que formam palavras reais (como "ri" digitado em vez de "ir") e de adicionar novas palavras assim que se tornarem comuns. No entanto, como qualquer usuário da internet sabe, o uso comum raramente se encaixa no uso formal gramaticalmente "correto" que você desejaria no recurso de correção automática de um processador de texto. Embora o Google não tenha falado especificamente sobre esses erros de correção automática, eles tendem a desaparecer depois que os usuários os denunciam.

## FLORESTAS ALEATÓRIAS

Um **algoritmo de floresta aleatória** é um tipo de algoritmo de aprendizado de máquina frequentemente usado para previsão e classificação — prevendo o comportamento de clientes, por exemplo, ou fazendo recomendações de livros ou julgando a qualidade de um vinho — com base em vários dados de entrada.

Para entender a floresta, vamos começar pelas árvores. Um algoritmo de floresta aleatório é composto de unidades individuais chamadas árvores de decisão. Uma **árvore de decisão** é basicamente um fluxograma que leva a um resultado com base nas informações que temos. E, agradavelmente, as árvores de decisão meio que se parecem com árvores de cabeça para baixo.

Na página seguinte, há uma amostra de árvore de decisão para, hipoteticamente, evacuar uma fazenda gigante de baratas.

A árvore de decisão monitora como usamos as informações (barulhos sinistros, presença de baratas) para tomar decisões sobre como

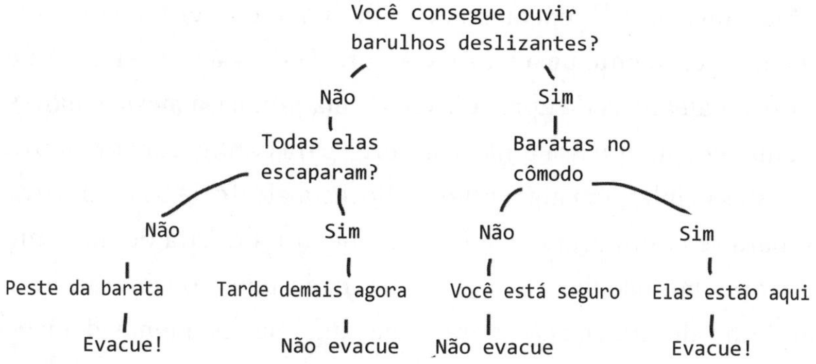


lidar com a situação. Assim como nossas decisões sobre sanduíche se tornam mais sofisticadas à medida que o número de células em nossa rede neural aumenta, podemos lidar com a situação da barata com mais nuances se tivermos uma árvore de decisão maior.

Se a fazenda de baratas estiver estranhamente silenciosa, mas as baratas não escaparam, pode haver outras explicações (talvez ainda mais inquietantes) além de "elas estão todas mortas". Com uma árvore maior, poderíamos perguntar se há baratas mortas por perto, quão inteligentes as baratas são conhecidas por ser e se as máquinas de esmagar baratas foram misteriosamente sabotadas.

Com muitas e muitas entradas e opções, a árvore de decisão pode se tornar extremamente complexa (ou, para usar a linguagem de programação da aprendizagem profunda, muito profunda). Poderia se tornar tão profunda que abrangeria todas as entradas, decisões e resultados possíveis no conjunto de treinamento, mas o gráfico funcionaria apenas para as situações específicas do conjunto de treinamento. Ou seja, isso superaria os dados de treinamento. Um especialista humano poderia construir inteligentemente uma enorme árvore de decisão que evite o excesso de ajustes e possa lidar com a maioria das decisões sem se fixar em dados específicos, provavelmente irrelevantes. Por exemplo, se estava nublado e frio na última vez em que as baratas saíram, um humano é inteligente o suficiente para saber que ter o mesmo clima não tem necessariamente nada a ver com o fato de as baratas escaparem novamente.

Mas uma abordagem alternativa para que um ser humano construa cuidadosamente uma enorme árvore de decisão é usar o método da floresta aleatória do aprendizado de máquina. Da mesma maneira que uma rede neural usa tentativa e erro para configurar as conexões entre suas células, um algoritmo de floresta aleatória usa tentativa e erro para se configurar. Uma floresta aleatória é feita de um monte de árvores minúsculas (isto é, rasas), cada uma considerando um pouquinho de informação para tomar algumas pequenas decisões. Durante o processo de treinamento, cada árvore rasa aprende em quais informações prestar atenção e qual deve ser o resultado. A decisão de cada pequena árvore provavelmente não será muito boa, porque é baseada em informações muito limitadas. Mas se todas as pequenas árvores da floresta reunirem suas decisões e votarem no resultado final, elas serão muito mais precisas do que qualquer árvore individual. (O mesmo fenômeno é verdadeiro para os eleitores humanos: se as pessoas tentarem adivinhar quantas bolas de gude há em uma jarra, individualmente suas suposições poderão estar muito distantes, mas, em média, suas suposições provavelmente estarão muito próximas da resposta real.) As árvores em uma floresta aleatória podem agrupar suas decisões em todos os tipos de tópicos, apresentando uma imagem precisa de cenários incrivelmente complexos. Uma aplicação recente, por exemplo, foi a classificação de centenas de milhares de padrões genômicos para determinar quais espécies de animais eram responsáveis por um perigoso surto de E. coli.[9]

Se usássemos uma floresta aleatória para lidar com a situação das baratas, eis como algumas de suas árvores podem parecer:

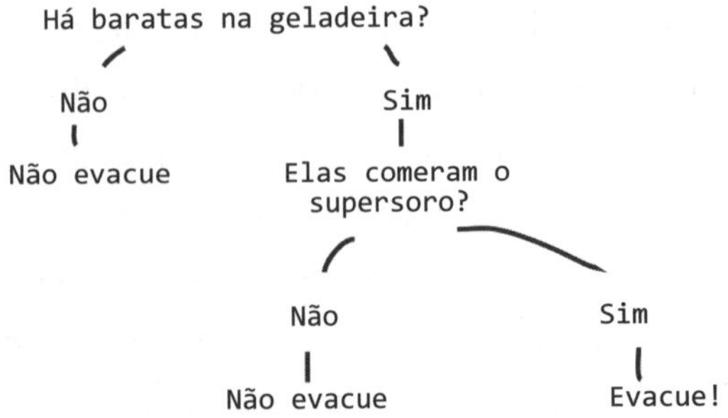

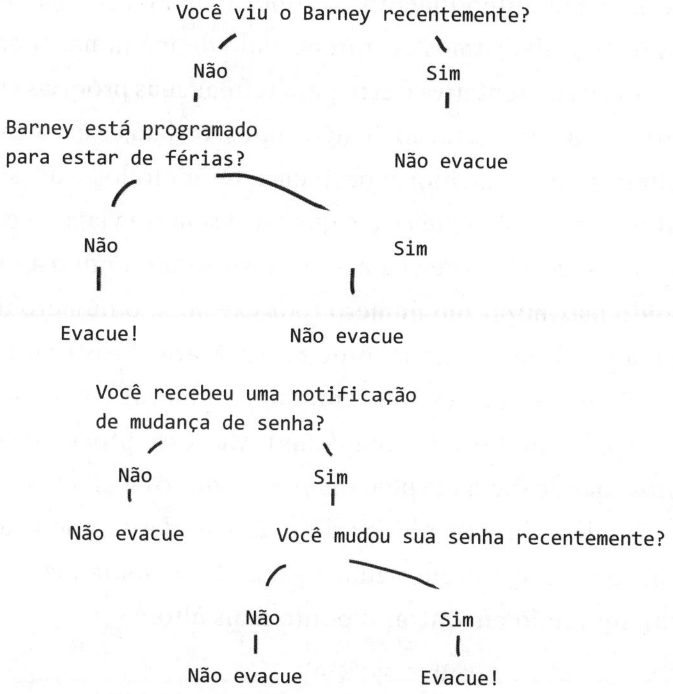


Agora, cada árvore individual está vendo apenas uma pequena parte da situação. Pode haver uma explicação perfeitamente razoável para o motivo de Barney não estar por perto — talvez Barney tenha simplesmente avisado que está doente. E se as baratas realmente não comeram o supersoro, isso não significa necessariamente que estamos seguros. Talvez as baratas tenham colhido amostras do supersoro e agora estejam produzindo um lote enorme, o suficiente para as 1,7 bilhões de baratas na instalação.

Mas as árvores estão combinando seus palpites individuais e, com Barney misteriosamente sumido, o soro desaparecido e sua senha alterada misteriosamente, a decisão de evacuar pode ser prudente.

## ALGORITMOS EVOLUTIVOS

A IA refina seu entendimento ao supor uma boa solução e testá-la. Todos os três algoritmos de aprendizado de máquina, citados anteriormente, usam tentativa e erro para refinar suas próprias estruturas, produzindo a configuração de neurônios, cadeias e árvores que lhes permitem resolver melhor o problema. Os métodos mais simples de tentativa e erro são aqueles em que você sempre viaja na direção da melhoria — geralmente chamados de **subida da encosta** se estiver tentando maximizar um número (por exemplo, o número de pontos acumulados durante um jogo de Super Mario Bros.) ou **gradiente descendente** se você estiver tentando minimizar um número (como o número de baratas que escaparam). Mas esse processo simples de se aproximar de sua meta nem sempre produz os melhores resultados. Para visualizar as armadilhas de uma subida da encosta simples, imagine que você está em algum lugar de uma montanha (sob neblina densa), tentando encontrar o ponto mais alto.

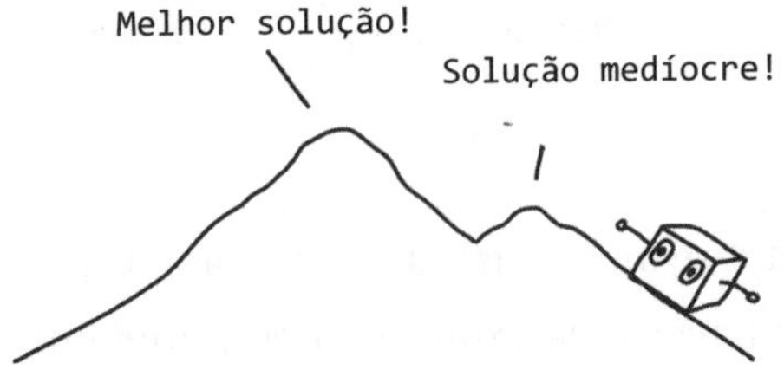


Se você usar um algoritmo simples de subida da encosta, você seguirá em sentido ao topo, não importa o quê. Mas, dependendo de

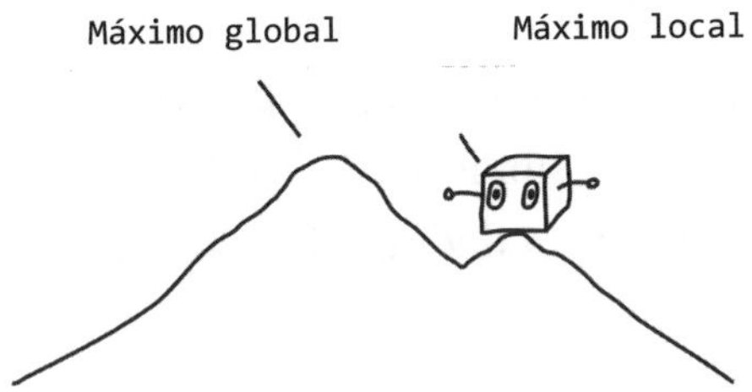

onde você começa, você pode acabar parando no pico mais baixo — um **máximo local** — em vez do pico mais alto, o **máximo global**.

Portanto, existem métodos mais complexos de tentativa e erro projetados para forçar você a experimentar mais partes da montanha, talvez fazendo algumas caminhadas de teste em algumas direções diferentes antes de decidir onde estão as áreas mais promissoras. Com essas estratégias, você acabaria explorando a montanha com mais eficiência.

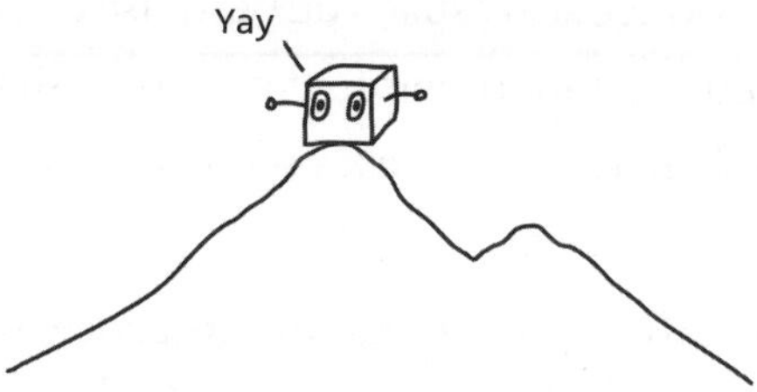


Em termos de aprendizado de máquina, a montanha é chamada de **espaço de pesquisa** — em algum lugar nesse espaço está sua meta (ou seja, em algum lugar na montanha está o pico), e você está tentando encontrá-lo. Alguns espaços de pesquisa são **convexos**, o que significa que um algoritmo básico de subida da encosta encontrará o pico para você a cada vez. Outros espaços de pesquisa são muito mais irritantes. O pior são os chamados **problemas de agulha no palheiro**, nos quais você pode ter poucas pistas de quão perto está da melhor solução até o momento em que a encontra. A busca por números primos é um exemplo de um problema de agulha no palheiro.

O espaço de pesquisa de um algoritmo de aprendizado de máquina pode ser qualquer coisa. Por exemplo, o espaço de pesquisa pode ser o formato das peças que compõem um robô ambulante. Ou

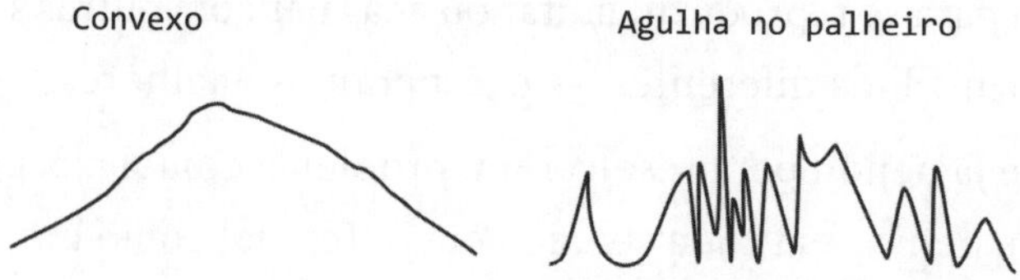

pode ser o conjunto de pesos possíveis de uma rede neural, e o "pico" é o peso que ajuda a identificar impressões digitais ou rostos. Ou o espaço de pesquisa pode ser o conjunto de configurações possíveis de um algoritmo de floresta aleatória, e seu objetivo é encontrar uma configuração que seja boa em prever os livros favoritos de um cliente — ou se a fábrica de baratas deve ser evacuada.

Como aprendemos anteriormente, um algoritmo básico de pesquisa, como o de subida da encosta ou de gradiente descendente, pode não chegar muito longe se o espaço de pesquisa de possíveis configurações de redes neurais não for muito convexo. Assim, os pesquisadores de aprendizado de máquina às vezes recorrem a outros métodos mais complexos de tentativa e erro.

Uma dessas estratégias se inspira no processo de evolução. Faz muito sentido imitar a evolução — afinal, o que é evolução senão um processo geracional de "suposição e teste"? Se uma criatura difere dos seus vizinhos de uma forma que a torna mais apta para sobreviver e, portanto, se reproduzir, ela será capaz de passar suas características úteis para a próxima geração. Um peixe que sabe nadar um pouquinho mais rápido do que outros indivíduos de sua espécie pode ter mais chances de escapar de predadores e, após algumas gerações, sua prole de natação rápida pode ser um pouco mais comum que os descendentes de peixes de natação lenta. E a evolução é um processo muito poderoso — que resolveu incontáveis problemas de locomoção e de processamento de informações, descobriu como extrair alimento da luz solar e de fontes hidrotermais, e descobriu como brilhar, voar e se esconder de predadores ao se passar por esterco de pássaro.

Nos **algoritmos evolutivos**, cada solução em potencial é como um organismo. Em cada geração, as soluções mais bem-sucedidas sobrevivem para se reproduzir, mutar ou acasalar com outras soluções para produzir filhos diferentes — e, esperamos, melhores.

Se você já penou para resolver um problema complexo, pode ser inquietante pensar em cada solução em potencial como um ser vivo

— comendo, acasalando, o que seja. Mas vamos pensar sobre isso em termos concretos. Digamos que estamos tentando resolver um problema de controle de multidões: temos um corredor que se divide em uma bifurcação e queremos projetar um robô que possa direcionar as pessoas a seguir um corredor ou outro.

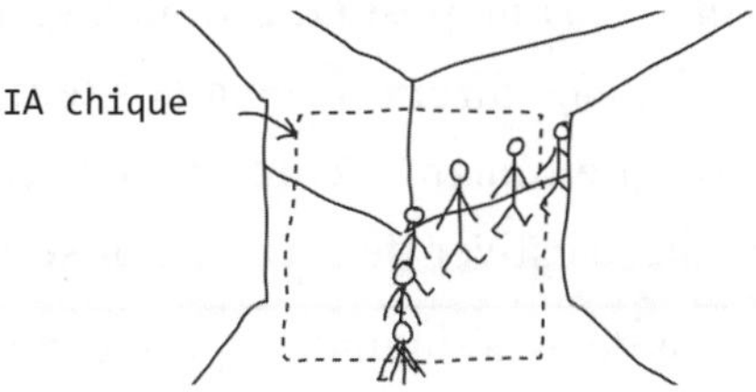


A primeira coisa que fazemos é criar os bits que o algoritmo evolutivo pode variar, decidindo o que em nosso robô queremos que seja constante e com o que o algoritmo é livre para brincar. Poderíamos tornar esses elementos variáveis muito limitados, com um design de corpo fixo, e apenas permitir que o programa alterasse a maneira como o robô se move. Ou poderíamos permitir que o algoritmo construa um design de corpo completamente do zero, começando com partículas aleatórias. Digamos que os proprietários deste edifício estejam insistindo em um projeto de robô semelhante a humanos por razões estéticas de ficção científica. Nada dessa confusão de blocos rastejantes (que é como as criaturas de um algoritmo evolutivo tenderiam a se parecer, se lhes fossem dada liberdade total). Dentro de uma forma humana básica, ainda há muito que podemos variar, mas vamos simplificar e dizer que o algoritmo poderá variar o tamanho e a forma de algumas partes básicas do corpo, com cada uma tendo uma amplitude simples de movimento. Em termos evolutivos, esse é o **genoma** do robô.

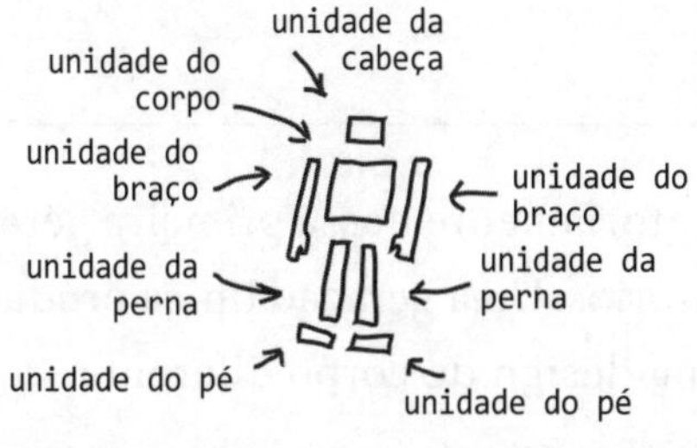


Genoma do Robô

**Dimensões das partes do corpo**

unidade da cabeça: comprimento, largura, altura
unidade do corpo: comprimento, largura, altura
...

**Comportamentos**

Comportamento padrão
Quando o humano está presente
Quando o humano se move para a esquerda
Quando o humano se move para a direita
...

A próxima coisa que precisamos fazer é definir o problema que estamos tentando resolver de maneira que haja um único número que possamos otimizar. Em termos evolutivos, esse número é a **função de adequação**: um número único que descreverá quão adequado um certo robô se apresenta para nossa tarefa. Como estamos tentando construir um robô que possa direcionar seres humanos por um corredor ou outro, vamos dizer que estamos tentando minimizar o número de humanos que tomam o caminho da esquerda. Quanto mais próximo esse número estiver de zero, maior será a adequação.

Também precisamos de uma simulação, porque não há como construir milhares de robôs para orientar ou contratar pessoas para andar por um corredor milhares de vezes. (Não usar humanos reais também é uma consideração de segurança — por razões que serão esclarecidas mais adiante.) Digamos que seja um salão simulado em um mundo com gravidade e atrito simulados e outras características físicas simuladas. E, é claro, precisamos de pessoas simuladas com comportamentos simulados, incluindo o andar, as linhas visuais, aglomerações e várias fobias, motivações e níveis de cooperação. A simulação em si é um problema muito difícil, então digamos que já a resolvemos. (Observação: no aprendizado de máquina real, nunca é tão fácil.)

Uma maneira prática de obter uma simulação pronta que possa treinar uma IA é usar videogames. É por isso, de certa forma, que há tantos pesquisadores treinando IAs para jogar Super Mario Bros. ou jogos antigos de Atari — esses videogames antigos são programas pequenos e rápidos de executar que podem servir de teste para várias habilidades de resolução de problemas. No entanto, assim como os jogadores humanos de videogame, as IAs tendem a encontrar e explorar defeitos nos jogos. Mais sobre isso no Capítulo 5.

Deixamos o algoritmo criar aleatoriamente nossa primeira geração de robôs. Eles são... muito aleatórios. Uma geração típica produz centenas de robôs, cada um com um design de corpo diferente.

Em seguida, testamos cada robô individualmente em nosso corredor simulado. Eles não se dão bem. As pessoas passam por eles enquanto eles caem no chão e se debatem ineficazmente. Talvez um deles caia um pouco mais para a esquerda do que os outros e bloqueie um pouco o corredor, e alguns dos humanos mais tímidos decidam tomar o corredor à direita. Ele é um pouco melhor que os outros robôs.

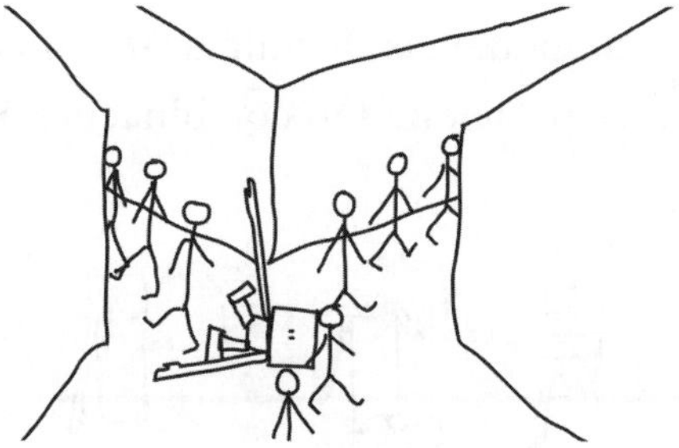

Agora é hora de construir a próxima geração de robôs. Primeiro, escolheremos quais robôs sobreviverão para se reproduzir. Poderíamos salvar apenas o melhor robô, mas isso tornaria a população bastante uniforme, e não conseguiríamos experimentar outros projetos de robôs que poderiam acabar sendo melhores se a evolução tivesse a chance de ajustá-los. Então, vamos salvar alguns dos melhores robôs e jogar fora o resto.

Em seguida, temos muitas possibilidades de escolha sobre como os robôs sobreviventes vão se reproduzir. Eles não podem simplesmente fazer cópias idênticas de si mesmos, porque queremos que eles estejam evoluindo para algo melhor. Uma opção que temos é a **mutação**: escolha um robô aleatório e varie aleatoriamente algo a seu respeito.

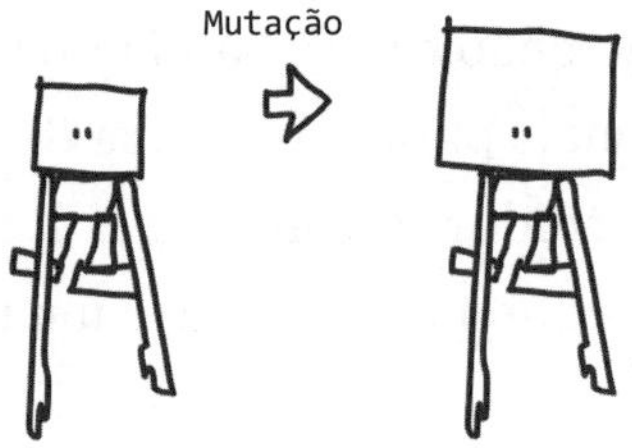


Outra opção que podemos decidir usar é o **cruzamento**: dois robôs produzem uma prole que são combinações aleatórias de seus dois pais.

Também temos que decidir quantas proles cada robô pode ter (os mais bem-sucedidos devem ter mais prole?), quais robôs podem ser cruzados com quais outros robôs (ou se sequer usaremos o cruzamento) e se vamos substituir todos os robôs mortos pela prole ou por alguns robôs gerados aleatoriamente. Ajustar todas essas opções é uma grande parte da construção de um algoritmo evolutivo e, às vezes, é difícil adivinhar quais opções — quais **hiperparâmetros** — funcionarão melhor.

Depois que construímos a nova geração de robôs, o ciclo recomeça assim que testamos suas habilidades de controle de multidões na simulação. Mais deles estão, agora, caindo para a esquerda porque descendem do primeiro robô razoavelmente bem-sucedido.

Após muitas gerações de robôs, algumas estratégias distintas de controle de multidões começam a surgir. Uma vez que os robôs aprendem a se levantar, a estratégia original de "cair para a esquerda e ficar meio que no caminho" evoluiu para uma estratégia de "ficar no corredor esquerdo e ser ainda mais irritante". Outra estratégia também emerge — a estratégia de "apontar vigorosamente para a direita". Mas nenhuma das estratégias está resolvendo perfeitamente nosso problema ainda: cada robô ainda está deixando muitas pessoas irem para o corredor esquerdo.

Depois de muitas gerações, surge um robô muito bom em impedir que as pessoas entrem no corredor esquerdo. Infelizmente, por um golpe de azar, acontece que a solução encontrada foi "matar todo mundo". Tecnicamente, essa solução funciona porque tudo o que pedimos foi para minimizar o número de pessoas entrando no corredor esquerdo.

Devido a um problema com nossa função de adequação, a evolução direcionou o algoritmo para uma solução que não tínhamos previsto. Atalhos infelizes acontecem o tempo todo no aprendizado de máquina, embora geralmente não sejam tão dramáticos. (Felizmente para nós, "matar todos os humanos", na vida real, geralmente é um tanto impraticável. A mensagem aqui é: não dê armas mortais a algoritmos autônomos.) Ainda assim, é por *isso* que usamos humanos de simulação em vez de humanos reais em nosso experimento mental.

Teremos que começar de novo, desta vez com uma função de adequação que, em vez de minimizar o número de humanos no corredor esquerdo, maximiza o número de humanos que tomam o corredor direito.

Na verdade, podemos usar um atalho (um tanto violento) e apenas alterar a função de adequação, em vez de começar tudo de novo. Afinal, nossos robôs aprenderam muitas habilidades úteis além de matar pessoas. Eles aprenderam a ficar de pé, detectar pessoas e mover os braços de maneira assustadora. Uma vez que nossa função de adequação mudar para maximizar o número de sobreviventes que entram no corredor da direita, os robôs *devem* aprender rapidamente a abandonar seus métodos de assassinato. (Lembre-se de que essa estratégia de reutilizar uma solução de um problema diferente, porém relacionado, é chamada de transferência de aprendizagem.)

Então começaremos com o grupo de robôs assassinos e trocaremos sorrateiramente sua função de adequação. De repente, o assassinato não está funcionando muito bem e eles não sabem o porquê. De fato, o robô que foi o pior em matar está agora no topo da cadeia, porque algumas de suas vítimas apavoradas conseguiram escapar pelo corredor da direita. Ao longo das próximas gerações, os robôs rapidamente se tornam assassinos piores.

MATAR
APENAS ALGUNS
HUMANOS

Eventualmente, talvez apenas pareça que eles *querem* te assassinar, o que assustaria a maioria dos humanos e os faria entrar no corredor da direita. Ao começar com uma população de robôs assassinos, restringimos o caminho que a evolução provavelmente seguirá. Se tivéssemos começado de novo, poderíamos ter desenvolvido robôs que ficassem no fim do corredor da direita e acenassem para as pessoas ou mesmo robôs cujas mãos evoluíram para placas que diriam BISCOITOS GRÁTIS. (O robô "biscoitos grátis" seria, no entanto, difícil de evoluir, porque obter a placa apenas parcialmente correta não funcionaria, e

seria difícil recompensar uma solução que estaria apenas chegando perto. Em outras palavras, é uma solução agulha no palheiro.)

Robôs assassinos à parte, o caminho mais provável que a evolução teria seguido é o robô "cair e ficar no caminho" se tornar cada vez mais irritante ao longo do caminho. (Cair é muito fácil, por isso, se um robô evoluído puder resolver um problema caindo, ele tenderá a fazê-lo.) Por esse caminho, podemos chegar a um robô que resolve o problema perfeitamente, fazendo 100% dos seres humanos entrarem no corredor da direita (sem assassinar nenhum deles no processo). O robô se parece com isso:

Sim, nós evoluímos: uma porta.

Essa é uma outra coisa sobre a IA. Às vezes, pode ser um substituto desnecessariamente complicado para uma compreensão básica do problema.

Algoritmos evolutivos são usados para desenvolver todos os tipos de projetos, não apenas robôs. Para-choques de carros que dissipam a força quando se dobram, proteínas que se ligam a outras proteínas úteis medicinalmente, volantes de motor que giram de determinada forma — esses são todos problemas que as pessoas usaram algoritmos evolutivos para resolver. O algoritmo também não precisa se ater a um genoma que descreve um objeto físico. Poderíamos ter um carro ou uma bicicleta com um design fixo e um programa de controle que evolua. Mencionei anteriormente que o genoma pode até ser o peso de uma rede neural ou o arranjo de uma árvore de decisão. Diferentes tipos de algoritmos de aprendizado de máquina são frequentemente combinados assim, cada um jogando com sua força.

Quando consideramos a enorme variedade de vida que surgiu em nosso planeta por meio da evolução, temos uma ideia da magnitude da possibilidade que está disponível para nós ao usarmos a evolução virtual em uma velocidade extremamente acelerada. Assim como a evolução da vida real conseguiu produzir criaturas maravilhosamente complexas e permitiu que tirassem vantagem das fontes alimentares mais estranhas e específicas, os algoritmos evolutivos continuam a surpreender e a nos deliciar com sua ingenuidade. É claro que, às vezes, os algoritmos evolutivos podem ser um pouco criativos *demais*, como veremos no Capítulo 5.

## REDES CONTRADITÓRIAS GENERATIVAS (GANs)

As IAs podem fazer coisas incríveis com imagens, transformando uma cena de verão em inverno, gerando rostos de pessoas imaginárias ou transformando uma foto do gato de alguém em uma pintura cubista. Essas ferramentas vistosas de geração, remixagem e filtragem de imagens são geralmente o trabalho de **GANs (redes contraditórias generativas)**. Elas são uma subvariedade de redes neurais, mas merecem uma menção apropriada. Diferente dos outros tipos de aprendizado de máquina deste capítulo, as GANs não existem há muito tempo — elas foram introduzidas por Ian Goodfellow e outros pesquisadores da Universidade de Montreal apenas em 2014.[10]

A característica principal das GANs é que elas são, na verdade, dois algoritmos em um — dois adversários que aprendem testando um ao outro. Um deles, o **gerador**, tenta imitar o conjunto de dados de entrada. O outro, o **discriminador**, tenta dizer a diferença entre a imitação do gerador e a coisa real.

Para ver por que essa é uma maneira útil de treinar um gerador de imagens, vamos seguir um exemplo hipotético. Suponha que queiramos treinar uma GAN para gerar imagens de cavalos.

A primeira coisa que precisamos é de muitas fotos de exemplo de cavalos. Se todas mostrarem o mesmo cavalo na mesma pose (talvez estejamos obcecados por esse cavalo em particular), a GAN aprenderá mais rapidamente do que se dermos a ela uma enorme variedade de cores, ângulos e condições de iluminação. Também podemos simplificar as coisas usando um plano de fundo simples e consistente. Caso contrário, a GAN passará muito tempo tentando aprender quando e como desenhar cercas, grama e desfiles. A maioria das GANs que podem gerar rostos, flores e alimentos fotorrealistas recebeu conjuntos de dados consistentes e muito limitados — apenas fotos de rostos de gatos, por exemplo, ou tigelas de lámen fotografadas apenas de cima. Uma GAN treinada apenas com fotos de cabeças de tulipas pode produzir tulipas muito convincentes, mas não tem ideia a respeito de outros tipos de flores ou mesmo qualquer concepção de que as tulipas tenham folhas ou bulbos. Uma GAN que pode gerar imagens fotorrealistas de cabeças humanas não saberá o que está abaixo do pescoço, o que está na parte de trás da cabeça ou mesmo que os olhos humanos podem fechar. Então, tudo isso é para dizer que, se formos criar uma GAN geradora de cavalos, teremos melhor sucesso se transformarmos o seu mundo em algo muito simples e apenas fornecermos fotos de cavalos fotografados de lado contra um fundo branco e simples. (Convenientemente, isso também diz respeito à extensão da minha capacidade de desenhar.)

Agora que temos nosso conjunto de dados (ou, no nosso caso, agora que imaginamos um), estamos prontos para começar a treinar as duas partes da GAN, o gerador e o discriminador. Queremos que o gerador examine nosso conjunto de fotos de cavalos e descubra algumas regras que permitirão que ele faça fotos semelhantes a essas. Tecnicamente, o que estamos pedindo ao gerador é para contorcer ruídos aleatórios em imagens de cavalos — dessa forma, podemos gerar não apenas uma única imagem de cavalo, mas também um cavalo diferente para cada padrão de ruído aleatório.

No início do treinamento, no entanto, o gerador não aprendeu nenhuma regra sobre desenhar cavalos. Começa com o nosso ruído aleatório e faz algo aleatório. Até onde ele sabe, é assim que você desenha um cavalo.

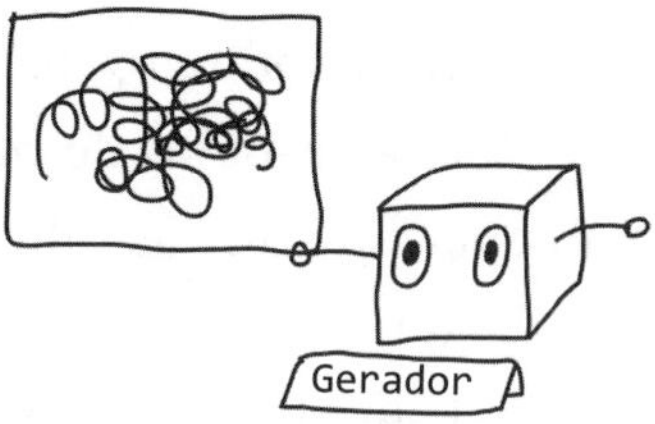


Como podemos dar um feedback útil ao gerador em relação aos seus desenhos terríveis? Como é um algoritmo, ele precisa de feedback na forma de um número, algum tipo de classificação quantitativa na qual o gerador possa trabalhar para melhorar. Uma métrica útil seria a porcentagem de ocorrências em que ele faz um desenho tão bom que se parece com um cavalo real. Um humano poderia facilmente julgar isso — somos muito bons em dizer a diferença entre um borrão de pelo e um cavalo. Mas o processo de treinamento exigirá muitos milhares de desenhos, por isso é impraticável que um jurado humano avalie todos eles. E um jurado humano seria rigoroso demais nesse estágio — ele olharia para dois rabiscos do gerador e os classificaria como "não são cavalos", mesmo que um deles seja, na verdade, imperceptivelmente mais parecido com um cavalo que o outro. Se dermos um feedback ao gerador sobre quantas vezes ele consegue enganar um humano, fazendo-o pensar que um de seus desenhos é real, ele nunca saberá se está progredindo, porque nunca enganará o humano.

É aqui que entra o discriminador. O trabalho do discriminador é olhar para os desenhos e decidir se eles são cavalos de verdade de acordo com o conjunto de treinamento. No início do treinamento, o discriminador é tão péssimo em seu trabalho quanto o gerador: ele mal consegue distinguir a diferença entre os rabiscos do gerador e a coisa real. Os rabiscos do gerador que são quase imperceptivelmente semelhantes a cavalos podem realmente conseguir enganar o discriminador.

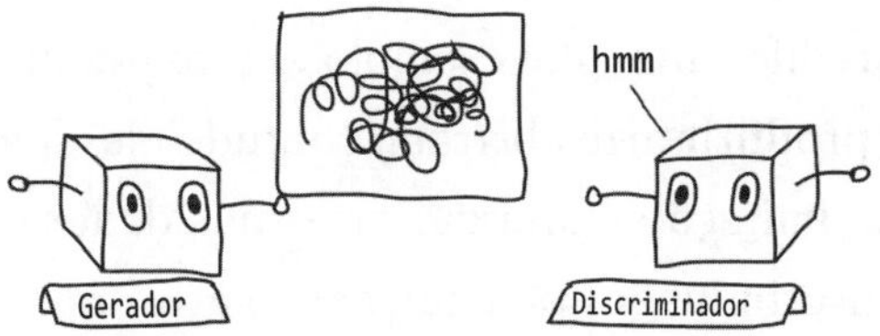


Por meio de tentativa e erro, tanto o gerador quanto o discriminador ficam melhores.

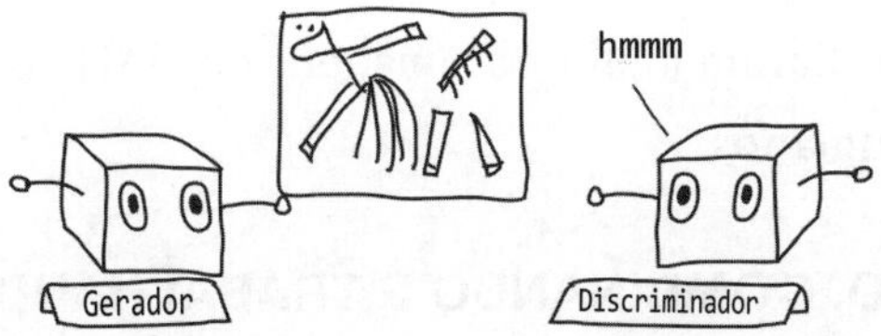

De certa forma, a GAN está usando seu gerador e discriminador para realizar um Teste de Turing no qual é, ao mesmo tempo, jurada e competidora. A esperança é que, quando o treinamento terminar, ela esteja gerando cavalos que também enganariam um jurado humano.

Às vezes, as pessoas projetam GANs que não tentam corresponder exatamente ao conjunto de dados de entrada, mas tentam criar algo "semelhante, mas diferente". Por exemplo, alguns pesquisadores criaram uma GAN para produzir arte abstrata, contudo eles queriam artes que não fossem uma imitação chata das artes nos dados de treinamento. Eles criaram o discriminador para julgar se a arte era como os dados de treinamento sem, no entanto, ser identificável como pertencendo a uma categoria específica. Com esses dois objetivos um tanto contraditórios, a GAN conseguiu ultrapassar a linha entre conformidade e inovação.[11] E, consequentemente, suas imagens se tornaram populares — jurados humanos até avaliaram melhor as imagens da GAN do que as imagens pintadas por humanos.

## MISTURANDO, COMBINANDO E TRABALHANDO JUNTO

Aprendemos que as GANs funcionam combinando dois algoritmos — um que gera imagens e outro que classifica imagens — para atingir um objetivo.

De fato, muitas IAs são feitas de combinações de outros algoritmos de aprendizado de máquina mais especializados.

O aplicativo Seeing AI da Microsoft, por exemplo, foi desenvolvido para pessoas com deficiência visual. Dependendo do "canal" selecionado pelo usuário, o aplicativo pode fazer coisas como:

- reconhecer o que acontece em uma cena e descrevê-la em voz alta;
- ler textos retidos na câmera de um smartphone;
- ler denominações de moedas;
- identificar pessoas e suas emoções; e
- localizar e digitalizar códigos de barras.

Cada uma dessas funções — incluindo sua função crucial de conversão de texto em fala — provavelmente é alimentada por uma IA treinada individualmente.

O artista Gregory Chatonsky usou três algoritmos de aprendizado de máquina para gerar pinturas para um projeto chamado *Não é Realmente Você*.[12] Um algoritmo foi treinado para gerar arte abstrata, e o trabalho de outro algoritmo foi transformar a arte do primeiro algoritmo em vários estilos de pintura. Finalmente, o artista usou um algoritmo de reconhecimento de imagem para fornecer títulos como *Salada Colorida*, *Bolo de Trem* e *Pizza Sentada em uma Rocha*. A arte final foi uma colaboração multialgorítmica planejada e orquestrada pelo artista.

Às vezes, os algoritmos são ainda mais fortemente integrados, usando várias funções ao mesmo tempo sem intervenção humana. Por exemplo, os pesquisadores David Ha e Jürgen Schmidhuber usaram a evolução para treinar um algoritmo inspirado no cérebro humano para jogar um nível do jogo de computador Doom.[13] O algoritmo

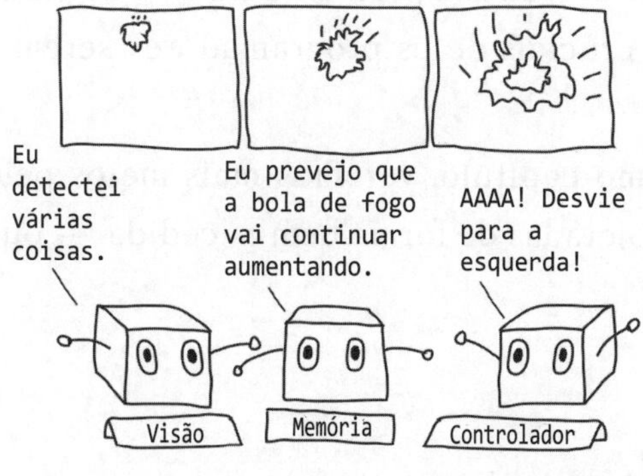

consistia em três algoritmos trabalhando juntos. Um modelo de visão estava encarregado de perceber o que estava acontecendo no jogo — havia bolas de fogo à vista? Havia paredes por perto? Ele transformou a imagem 2-D de pixels nos elementos que considerava importantes de acompanhar. O segundo modelo, um modelo de memória, estava encarregado de tentar prever o que aconteceria a seguir. Assim como as RNRs geradoras de texto deste livro analisam o passado para prever qual letra ou palavra provavelmente virá a seguir, o modelo de memória era uma RNR que analisou momentos anteriores do jogo e tentou prever o que aconteceria a seguir. Se houvesse uma bola de fogo se movendo para a esquerda alguns momentos antes, ela provavelmente ainda estará lá na próxima imagem, um pouco mais à esquerda. Se a bola de fogo estiver aumentando, provavelmente continuará aumentando (ou pode atingir o jogador e causar uma grande explosão). Finalmente, o terceiro algoritmo foi o controlador, cujo trabalho era decidir quais ações tomar. Deveria desviar para a esquerda para evitar ser atingido pela bola de fogo? Talvez seja uma boa ideia.

Então as três partes trabalharam juntas para ver bolas de fogo, perceber que estavam se aproximando e desviar delas. Os pesquisadores escolheram a forma de cada subalgoritmo para que fosse otimizado para sua tarefa específica. Isso faz sentido, já que aprendemos no Capítulo 2 que os algoritmos de aprendizado de máquina se saem melhor quando têm uma tarefa muito limitada com a qual trabalhar. Escolher a forma correta para um algoritmo de aprendizado de máquina, ou dividir um problema em tarefas para subalgoritmos, são maneiras cruciais de os programadores serem bem-sucedidos em seus projetos.

No próximo capítulo, veremos mais meios pelos quais as IAs podem ser projetadas de forma bem-sucedida — ou não.

CAPÍTULO 4

# Ela está tentando!

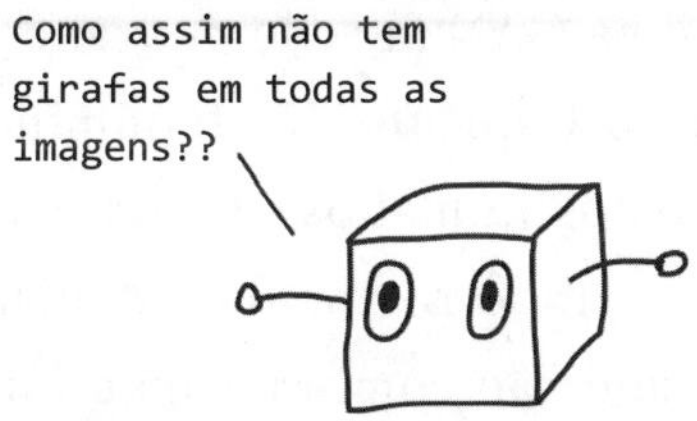
Como assim não tem
girafas em todas as
imagens??

Até agora, falamos sobre como a IA aprende a resolver problemas, os tipos de problemas em que se sai bem e a condenação da IA. Vamos nos concentrar um pouco mais na condenação — casos em que uma solução baseada em IA é uma maneira terrível de resolver um problema do mundo real. Esses casos podem variar de levemente incômodos a bastante sérios. Neste capítulo, falaremos sobre o que acontece quando uma IA não consegue resolver muito bem um problema — e o que podemos fazer sobre isso. Estes podem ser casos em que nós:

- demos a ela um problema que era muito amplo;
- não demos a ela dados o suficiente para que entendesse o que estava acontecendo;
- acidentalmente demos a ela dados que a confundiram ou desperdiçaram seu tempo;
- a treinamos para uma tarefa que era muito mais simples que aquela que ela encontrou no mundo real; ou
- a treinamos em uma situação que não é condizente com o mundo real.

## PROBLEMA MUITO AMPLO

Isso pode soar semelhante ao Capítulo 2, no qual analisamos os tipos de problemas adequados para se solucionar com IA. Como aprendemos com o fracasso de M, o assistente de IA do Facebook, se um problema for muito amplo, a IA penará para produzir respostas úteis.

Em 2019, pesquisadores da Nvidia (uma empresa que fabrica tipos de mecanismos de computação que são amplamente utilizados para IA) treinaram uma GAN (a rede neural contraditória de duas partes, que discuti no Capítulo 3), denominada StyleGAN, para gerar imagens de rostos humanos.[1] O StyleGAN fez um trabalho impressionante produzindo rostos fotorrealistas, exceto por sutilezas como brincos que não combinavam e fundos que não faziam muito sentido. No entanto, quando a equipe treinou o StyleGAN com fotos de gatos, produziu gatos com membros extras, olhos extras e rostos estranhamente distorcidos. Ao contrário do conjunto de dados de imagens humanas, que era composto de rostos humanos vistos de frente, o conjunto de dados de imagens de gatos incluía gatos fotografados de vários ângulos, andando ou enrolados ou miando para a câmera. O StyleGAN teve que aprender com close-ups e fotos de vários gatos e até fotos com humanos no quadro, e era demais para um algoritmo só lidar bem com isso. Era difícil acreditar que os humanos fotorrealistas e os gatos distorcidos fossem o produto do mesmo algoritmo básico. Mas quanto mais restrita a tarefa, mais inteligente a IA parece.

## MAIS DADOS, POR FAVOR

O algoritmo StyleGAN mencionado anteriormente, e a maioria das outras IAs deste livro, são do tipo que aprendem por meio de exemplos. Uma vez que são dados exemplos suficientes de algo — nomes de gatos, desenhos de cavalos, decisões bem-sucedidas de direção ou previsões financeiras o suficiente —, esses algoritmos podem aprender padrões que os ajudam a imitar o que veem. Sem exemplos suficientes, no entanto, o algoritmo não terá informações o bastante para descobrir o que está acontecendo.

Vamos levar isso ao extremo e ver o que acontece quando treinamos uma rede neural para inventar novos sabores de sorvete — com pouquíssimos sabores a partir dos quais ela irá aprender. Vamos dar a ela apenas esses oito sabores:

```
Chocolate
Baunilha
Pistache
Flocos
Chip de manteiga de amendoim
Chip de chocolate e menta
Blue Moon
Baunilha de Champagne e uísque com marmelo
Rodopios de Gengibre Cristalizado
```

Estes são sabores bons e clássicos, com certeza. Se você desse essa lista a um humano, ele provavelmente perceberia que esses sabores são de sorvete e provavelmente poderia pensar em mais alguns a acrescentar. Morango, eles podem dizer. Ou Manteiga de pecã com Fruta do Bosco. Os seres humanos são capazes de fazer isso porque sabem sobre sorvetes e os tipos de sabores que sorvetes tendem a ter. Eles sabem como escrever esses sabores e até sabem em que ordem colocar as palavras (Chip de Chocolate e Menta, por exemplo, nunca Menta de Chocolate e Chip). Eles sabem que morango é uma coisa e que torango não é.

Mas quando eu dou essa mesma lista a uma rede neural não treinada, ela não tem nenhuma dessas informações para basear-se. Ela não sabe o que é sorvete nem o que é inglês. Ela não tem nenhuma noção de que as vogais são diferentes das consoantes ou que as letras são diferentes dos espaços e quebras de linha. Pode ser útil mostrar esse conjunto de dados como a rede neural o vê

— com cada letra, espaço e sinal de pontuação traduzidos em um único número:

```
3;8;15;3;15;12;1;20;5;24;22;1;14;9;12;12;1;24;16
;9;19;20;1;3;8;9; 15;24;13;15;15;19;5;0;20;18;1
;3;11;19;24;16;5;1;14;21;20;0;2;21; 20;20;5;18;
0;3;8;9;16;24;13;9;14;20;0;3;8;15;3;15;12;1;20;5
;0;3;8; 9;16;24;2;12;21;5;0;13;15;15;14;24;3;8;1
;13;16;1;7;14;5;0;2;15; 21;18;2;15;14;0;22;1;14;
9;12;12;1;0;23;9;20;8;0;17;21;9;14;3;5;26; 7;15;
12;4;5;14;0;18;1;19;16;2;5;18;18;25;0;19;23;9;18
;12;0;1;14; 4;0;3;1;14;4;9;5;4;0;7;9;14;7;5;18;
```

O trabalho da rede neural é descobrir, por exemplo, quando é provável que o caractere 13 (um *m*) apareça. Ele aparece duas vezes após o caractere 24 (uma quebra de linha), mas uma vez após o caractere 0 (um espaço). Por quê? Nós não contamos isso explicitamente a ela, é claro. E olhe para o caractere 15 (um *o*). Às vezes, aparece duas vezes seguidas (ambas as vezes após o caractere 13), mas várias outras vezes aparece apenas uma vez. Novamente, por quê? Não há informações suficientes para que a IA entenda. E como a letra *f* nunca aparece em seu conjunto de dados de entrada, a rede neural não possui um número atribuído a ela. Até onde ela sabe, *f* não existe. Não é possível criar toffee, café ou fudge, não importa o quanto tente.

Ainda assim, a rede neural *está* se esforçando muito e consegue criar algumas coisas. Ela aprende que vogais e espaços (caracteres 1, 5, 9, 15, 21 e 0) são comuns e, logo no início do treinamento, sua saída se parece com:

```
aaaoo aaaaaaaoalnat ia eain l e ee r r  e r ern  r
en d  edeedr     ed d  nrd  d   edi r  rn    n   d
e e eer d r e d d dd dr  rr er  r r  n e ri  d edAe
eri diedd rd eder   r edder dnrr   dde er ne  r dn
nend n dn rnndr eddnr   re  rdre rdd    e r  e e
dnrddrr rdd r
```

Como o conjunto de dados de treinamento contém um sabor de sorvete que é realmente longo, ela pena um pouco para entender com que frequência usar o caractere 24 (uma quebra de linha). Mas, eventualmente, sua saída começa a se separar em "sabores" individuais:

```
tahnlaa aa otCht aa itonaC hi aa gChoCe ddiddddRe
   dCAndddriddrni dedweiliRee
aataa naa ai
tttCuat
```

Demora ainda mais para que as primeiras palavras reconhecíveis do conjunto de dados apareçam, conforme o algoritmo vai começando a memorizar combinações individuais de letras (e passa por algum tipo de fase de Vaca Assustadora, na qual soa como um mugido e um chiado, com alguns suspiros na mistura):

```
MoooootChopooopteeCpp
BlpTrrrks
Bll Monoooooooooooo
Pnstchhhhhh
MooooosTrrrksssss
AmeniuitMaant tChppphippphppihpppi
Moonillhaaaal
Pnnilhaaa
Buee Moooo
```

À medida que o treinamento da rede neural continua, os sabores se tornam mais reconhecíveis:

```
Chip de Chooolate e Moent
Chip de Manteiga de amendoim
Pistchhio
Bue Moo
Moose Trrack
Psenutcho
Banilha
Chhip de CcooolateMenta
```

```
Psstchhio
Chaampgne Booouorr VanillaWith QciiG- Golddni aspberrrr
ndirl AndCandiiddnngger
```

Ela está até conseguindo copiar literalmente alguns sabores do conjunto de dados de entrada, já que memoriza sucessivamente sequências mais longas de caracteres que funcionam. Se treinar um pouco mais, aprenderá a reproduzir perfeitamente todo o conjunto de dados de oito sabores. Mas esse não era realmente nosso objetivo. Memorizar os exemplos de entrada não é o mesmo que aprender a criar novos sabores. Em outras palavras, esse algoritmo não conseguiu generalizar.

Com um conjunto de dados de tamanho adequado, no entanto, a rede neural pode fazer um progresso muito melhor. Quando eu treinei uma rede neural com 2.011 sabores (ainda um conjunto de dados pequeno, mas não mais ridiculamente pequeno), a IA pôde finalmente se tornar inventiva. Produziu sabores totalmente novos, como os da lista a seguir, assim como os do Capítulo 2, nenhum dos quais apareciam no conjunto de dados original.

```
Manteiga Defumada
Óleo de Bourbon
Nozes e Beterraba Assada
Óleo Pastado
Coco e Chá Verde
Chocolate Com Gengibre Limão e Oreo
Cerveja de Cenoura
Mel Vermelho
Limão Cardamomo
Óleo de Chocolate de Oreo + Toffee
Chocolate ao Leite de Gengibre e pimenta em grão
```

Portanto, quando se trata de treinar IA, quanto mais dados, geralmente, melhor. É por isso que a rede neural geradora de avaliações da Amazon, discutida no Capítulo 3, treinou com base em impressionantes 82 milhões de avaliações de produtos. É também por isso que, como aprendemos no Capítulo 2, carros autônomos treinam com base em dados de milhões de milhas de rodovia e bilhões de milhas de simulação, e por isso que conjuntos de dados de reconhecimento de imagem padrão como o ImageNet contêm muitos milhões de imagens.

Mas de onde você tira todos esses dados? Se você é uma entidade como o Facebook ou o Google, talvez já tenha esses conjuntos enormes de dados em mãos. O Google, por exemplo, coletou tantas consultas de pesquisa que conseguiu treinar um algoritmo para adivinhar como você terminará uma frase quando começar a digitá-la na janela de pesquisa. (Uma desvantagem do treinamento com base em dados de usuários reais é que os termos de pesquisa sugeridos podem acabar sendo sexistas e/ou racistas. E, às vezes, apenas muito estranhos.) Nesta era de big data, dados em potencial para treinamento de IA podem ser uma posse valiosa.

Mas se você não tiver todos esses dados em mãos, precisará coletá-los de alguma forma. O crowdsourcing é uma opção barata, se o projeto for divertido ou útil o suficiente para manter as pessoas interessadas. As pessoas já fizeram crowdsourcing de conjuntos de dados para identificar animais em câmeras de trilhas, sons de baleias e até padrões de mudança de temperatura no delta de um rio dinamarquês. Pesquisadores que desenvolvem uma ferramenta baseada em IA para contar amostras em um microscópio podem solicitar que seus usuários enviem dados rotulados para que possam usá-los para melhorar as versões futuras da ferramenta.

Mas, às vezes, o crowdsourcing não funciona tão bem, e eu culpo os humanos. Eu fiz um crowdsourcing de conjunto de fantasias de Halloween, por exemplo, pedindo aos voluntários que preenchessem um formulário online em que pudessem listar todas as fantasias que pudessem imaginar. Então o algoritmo começou a produzir fantasias como:

```
Fantasia esportiva
Fantasia sexy assustadora
Chefe de obras assustador
```

O problema era que, em uma aparente tentativa de ajudar, alguém decidiu colocar o inventário inteiro de uma loja de fantasia. ("O que você deveria ser?" "Ah, sou a fantasia Deluxe para homens do IT — tamanho padrão".)

Uma alternativa para confiar na boa vontade e na cooperação de estranhos é pagar às pessoas para fornecerem seus dados em um crowdsourcing. Serviços como o Amazon Mechanical Turk são criados para isso: um pesquisador pode criar um emprego (como responder a perguntas sobre uma imagem, atuar como representante de atendimento ao cliente ou clicar em girafas) e depois pagar trabalhadores remotos para realizar a tarefa. Ironicamente, essa estratégia pode sair pela culatra se alguém aceitar o trabalho e depois pedir secretamente que um bot faça o trabalho real — o bot geralmente faz um trabalho terrível. Muitas pessoas que usam serviços pagos de crowdsourcing incluem testes simples para garantir que as perguntas estão sendo lidas por um ser humano ou, melhor ainda, por um ser humano que esteja prestando atenção e não respondendo aleatoriamente.[2] Em outras palavras, eles devem incluir um Teste de Turing como uma das perguntas para garantir que não contrataram acidentalmente um bot para treinar seu próprio bot.

Outra maneira de tirar o máximo de proveito de um pequeno conjunto de dados é fazer pequenas alterações nos dados para que um bit de dados se torne muitos bits ligeiramente diferentes. Essa estratégia é conhecida como **aumento de dados**. Uma maneira simples de transformar uma única imagem em duas imagens, por exemplo, é fazer uma imagem espelhada. Você também pode cortar partes dela ou alterar sua textura levemente.

O aumento de dados também funciona em texto, mas é raro. Para transformar algumas frases em muitas, uma estratégia é substituir várias partes da frase por palavras que significam coisas semelhantes.

```
Uma manada de cavalos está comendo um bolo delicioso.
Um grupo de cavalos está mastigando uma sobremesa
   maravilhosa.
Vários cavalos estão desfrutando de seu pudim.
```

```
Os cavalos estão consumindo os comestíveis.
Os equinos estão devorando as guloseimas.
```

No entanto, fazer essa geração automaticamente pode resultar em frases estranhas e improváveis. É muito mais comum que os programadores que estão pedindo texto para crowdsourcing simplesmente peçam a muitas pessoas que executem a mesma tarefa, para que obtenham muitas respostas ligeiramente diferentes que querem dizer a mesma coisa. Por exemplo, uma equipe criou um chatbot chamado Visual Chatbot, que poderia responder a perguntas sobre imagens. Eles usaram trabalhadores via crowdsourcing para fornecerem dados de treinamento ao responderem a perguntas feitas por outros trabalhadores via crowdsourcing, produzindo um conjunto de dados de 364 milhões de pares de perguntas e respostas. Pelos meus cálculos, cada imagem foi vista em média trezentas vezes, e é por isso que o conjunto de dados contém muitas respostas com palavras semelhantes: [3]

```
não, apenas as 2 girafas
não, apenas 2 girafas
são duas, não é uma girafa solitária um bebê e 1 adulto
não são apenas as duas girafas no recinto
não eu apenas vejo 2 girafas
não, apenas as duas 2 fofas
não apenas as 2 girafas
não apenas as 2 girafas
não apenas as 2 girafa
apenas as 2 girafas
```

Como você pode ver pelas respostas a seguir, alguns entrevistados estavam mais comprometidos com a seriedade do projeto do que outros:

```
sim, eu realmente gostaria de conhecer essa girafa
a girafa maior pode estar se arrependendo da
   maternidade
pássaro está olhando para girafa perguntando sobre
   roubo de folhas
```

O outro efeito dessa configuração foi que cada pessoa teve que fazer dez perguntas sobre cada imagem, e as pessoas acabaram ficando sem ter mais o que perguntar sobre girafas, então as perguntas ficaram um pouco caprichosas às vezes. Algumas das perguntas que os humanos colocaram incluem:

```
será que a girafa parece entender física quântica
   e teoria das cordas
será que a girafa parece feliz o suficiente para
   estrelar em um adorado filme da dreamworks
será que parece que a girafa comeu os humanos antes
   da foto ser tirada
estaria a girafa esperando que o restante de seus
   senhores de quatro patas saíssem para que pudes-
   sem escravizar a humanidade
numa escala de bieber a gandalf, quão épico você
   diria que estas zebras gangsters são
será que isso parece um cavalo de elite
o que é a canção da girafa?
estimadamente, quantos centímetros de comprimento
   os ursos têm
por favor, preste atenção à tarefa você demora para
   começar a digitar depois que eu fiz uma pergunta
   não gosto de esperar tanto, você gostaria de
   esperar tanto assim
```

Os seres humanos fazem coisas estranhas com os conjuntos de dados.

O que nos leva ao próximo ponto sobre dados: não basta ter muitos e muitos dados. Se houver problemas com o conjunto de dados, o algoritmo, na melhor das hipóteses, perderá tempo e, na pior, aprenderá a coisa errada.

## DADOS CONFUSOS

Em 2018, numa entrevista ao site de notícias *The Verge*, Vincent Vanhoucke, principal técnico de IA do Google, falou sobre os esforços do Google para treinar carros autônomos. Quando os pesquisadores descobriram que seu algoritmo estava tendo problemas para rotular pedestres, carros e outros obstáculos, eles voltaram a analisar os dados de entrada e descobriram que a maioria dos erros poderia ser rastreada até os erros de rotulação que os humanos haviam cometido no conjunto de dados de treinamento.[4]

Definitivamente, eu também vi isso acontecer. Um dos meus primeiros projetos foi treinar uma rede neural para gerar receitas. Ela cometeu erros — *muitos*. Ela falou para o chef executar ações como:

```
Misture mel, água do dedo do pé, sal e 3 colheres
   de sopa de azeite.
Corte a farinha em cubos de 2,5cm
Espalhe a manteiga na geladeira
Solte uma panela untada.
Retire parte da frigideira.
```

Ela pediu por ingredientes como

```
½ xícara de óleo para raspar
1 folha de conferência descongelada
6 quadrados de creme de brownings franceses
1 xícara de repolho italiano inteiro
```

Ela definitivamente estava penando com a magnitude e complexidade do problema de geração de receitas. Sua memória e capacidade mental não eram aptas a uma tarefa tão ampla. Mas acontece que alguns de seus erros não foram, de forma alguma, sua culpa. O conjunto de dados de treinamento original incluía receitas que algum programa de computador havia convertido automaticamente de outro formato em algum momento, e a conversão nem sempre deu certo.

Uma das receitas da rede neural pedia por:

```
1 morangos
```

uma frase que aprendeu com o conjunto de dados de entrada. Havia uma receita na qual a frase “2 ½ xícaras de morangos frescos fatiados e adoçados” evidentemente tinha sido separada automaticamente em:

```
2 ½ xícaras frescas fatiadas e adoçadas
1 morangos
```

E a rede neural pediu farinha picada ocasionalmente, mas parece que aprendeu isso com erros desse tipo no conjunto de dados original:

```
2/3 xícaras de farinha de trigo picada
1 nozes
```

Erros semelhantes fizeram com que a rede neural aprendesse os seguintes ingredientes:

```
1 (opcional)
açúcar, ralado
1 sal e pimenta
1 macarrões
1 acima
```

## DADOS QUE DESPERDIÇAM TEMPO

Às vezes, problemas com o conjunto de dados não levam tanto a rede neural a cometer um erro, mas a desperdiçar seu tempo. Dê uma olhada nesta receita gerada pela rede neural:

**Molho de Pão de Milho**

**desertos**

**- COBERTURA -**

4 xícara de água fria ou levedura de carne

1⁄2 xícara de manteiga

1⁄4 colher de chá de cravo

1⁄2 xícara de óleo vegetal

1 xícara de arroz branco ralado

1 raminho de salsa

Cozinhe as cebolas em óleo, farinha, tâmaras e sal juntos por meio de ambos os pratos.

Coloque o molho em cada frango cozido revestido (2 10" com o lado para cima) para diminuir a gordura e adicione o amido de milho com um palito de madeira quente, para que fique embaixo, derreta o frango. Decore com coco e queijo ralado.

Fonte: IObass Cindypissong(em Whett Quesssie. Etracklitts 6) Dallas Viewnard, Brick-Nut Markets, Fat. cedido por Fluffiting/sizevory, 1906. ISBN 0-952716-0-3015

NUBTET 10, 1972mcTbofd-em mãos, Carvões de Natal Helb & Mochia Grunnignias: Stanter Becaused Off Matter, Dianonarddit Hht

5.1.85 calorias CaluAmis

Fonte: Torta de chocolate Jan 584

Rendimento: 2 porções

Além de gerar o título da receita, a categoria*, os ingredientes e as instruções, a rede neural passou metade do tempo gerando as notas de rodapé — tudo, desde a fonte até as informações nutricionais e até um número de ISBN. Isso não apenas desperdiçou seu tempo e sua capacidade intelectual (quanto tempo levou para descobrir como formatar um ISBN?), mas também foi extremamente confuso para ela. Por que algumas receitas têm ISBNs e outras não? Por que algumas dão nomes humanos como fontes e outras dão livros ou revistas? Isso ocorre nos dados de treinamento de maneira basicamente aleatória, de modo que a rede neural não tem esperança de descobrir o padrão subjacente.

**Risoto do Sudoeste Com Visom e coisas na água**
**carne de porco, churrasco**

```
3 pacotes de bolas de salmão
1 sal marinho e pimenta
Tomate de 120mms e leite desnatado
2 xícaras de creme de leite leve
1 xícara de vinho branco seco
1 sal
1 pimenta
1 lata de 370 gramas. ovos; separado
```

```
Misture o creme de leite com as bolas para cobrir
a carne com cuidado e depois as sementes e deixe
servir (delicadamente por mais uma noite) (as massas
de água do pão de canela, envolva-as e coloque
xerez) no centro de uma panela, mexendo sempre até
quase completamente macio, cerca de 4 minutos. Mexa
a água, o sal, suco de limão e purê de batata o
quanto for necessário.
```

* A categoria foi escrita como "desertos" em vez de "sobremesas" (desserts) no conjunto de dados; =portanto, é assim que a rede neural pensa que se escreve.

```
Cozinhe na manteiga. Sirva imediatamente. Corte cui-
dadosamente o peixe na xícara, na 1 xícara restante
ervilhas cortadas para removê-la da grelha por mais
um minuto e leve à geladeira. Não quebra, produz
alguma espessura agradável. Por cookies para fazer
morangos do The Kitchen Crocked, Um. The Extice
Chef's Wermele to seasony, seu Carvalho de lago:

**** The from Bon Meshing, 96 1994. MG

(8Fs4.TE, de: Hoycoomow Koghran*.Lavie: 676

(WR/12-92-1966) entral. Mergulhe, Tiftigs: ==1

Compartilhado por: Dandy Fistary

Rendimento: 10 porções
```

Em outro experimento, treinei uma rede neural para gerar novos títulos para os artigos de listas do BuzzFeed. Minha primeira rodada de treinamento, no entanto, não foi tão boa. Aqui está uma amostra dos títulos dos artigos que ela gerou:

```
11 Vídeos Densejos Semana Real Muito Irritante
29 choses qui aphole donnar desdade
17 Coisas que Você não é Perfeitamente e Bonita
11 choses qui en la persona de perdizar como
11 en 2015 fotos que des zum Endu a ter de viven
   beementer aterre Buden
15 GIFs
14 Razões pelas quais Escolas de Beleza não Coisas
   Seu Tempo
11 fotos qui prouitamente tu pasan sie de como
   amigos para
18 Fotos Que Fazem Livro Vão Fazer Você Deveria
   Bengulta Estão em 2014
17 Razões que Nós Astroas Admiticacional Tryihnall
   em Vida Nin
```

Metade dos artigos que ela estava gerando não parecia estar em inglês, mas em algum híbrido estranho de francês, espanhol, alemão e alguns outros idiomas. Isso me levou a olhar para o conjunto de dados. Com certeza, embora tivesse impressionantes 92 mil títulos de artigos para aprender, metade deles estava em outro idioma que não o inglês. A rede neural gastava metade do tempo aprendendo inglês e a outra metade tentando aprender e separar vários outros idiomas ao mesmo tempo. Depois que removi os idiomas extras, os resultados em inglês também melhoraram:

```
17 Vezes As Mais Bundas
43 citações garantidas para transformar você em
   uma sereia imediatamente
31 fotos de fantasias de cabelo das tartarugas
   ninjas
18 segredos que os bonecos de neve não lhe dirão
15 fãs emo de futebol compartilham seus caminhos
27 enfeites de natal que todo universitário de
   vinte e poucos anos conhece
```

```
12 maneiras criativas sérias de colocar lojas de
   frango em Sydney
25 desempenhos infelizes de biscoitos ao redor
   do mundo
21 fotos de comida que farão você estremecer e
   dizer "oh, será que eu estou eu triste?"
10 Memórias Que Deixarão Você Saudável Em 2015
24 vezes em que a Austrália foi a pior possível.
23 memes sobre ser engraçado que são engraçados,
   mas também riem de
18 guloseimas deliciosas de bacon para fazer
   palhaços incrivelmente felizes
29 coisas para fazer com chá para Halloween
7 tortas
32 sinais do papai peludo
```

Como os algoritmos de aprendizado de máquina não têm contexto para os problemas que estamos tentando resolver, eles não sabem o que é importante e o que ignorar. A rede neural geradora das listas do BuzzFeed não sabia que vários idiomas eram uma possibilidade ou que queríamos que gerasse resultados apenas em inglês; até onde ela saberia dizer, todos esses padrões eram igualmente importantes para aprender. Concentrar-se em informações estranhas também é muito comum em algoritmos de geração e reconhecimento de imagens.

Em 2018, uma equipe da Nvidia treinou uma GAN para gerar uma variedade de imagens, incluindo as de gatos.[5] Eles descobriram que alguns dos gatos que a GAN gerava eram acompanhados por marcas de texto em blocos. Aparentemente, alguns dos dados de treinamento incluíam memes de gatos, e o algoritmo passou um bom tempo tentando descobrir como gerar textos de meme. Em 2019, outra equipe, usando o mesmo conjunto de dados, treinou outra IA — StyleGAN —, que também tendia a gerar textos de meme junto de seus gatos. Também gastou um tempo significativo aprendendo a gerar imagens de um único gato de aparência incomum, mas famoso na internet, chamado Grumpy Cat.[6]

Outros algoritmos de geração de imagens ficam igualmente confusos. Em 2018, uma equipe do Google treinou um algoritmo chamado BigGAN, que tinha um desempenho impressionante em gerar uma variedade de imagens. Era particularmente bom em gerar imagens de cães (para os quais havia *muitos* exemplos no conjunto de dados) e paisagens (era muito bom em texturas). Mas as fotos de exemplo que ele viu às vezes o confundiram. Suas imagens para "bola de futebol" às vezes incluíam um nódulo carnoso que provavelmente era uma tentativa de um pé humano, ou mesmo um goleiro humano inteiro, e suas imagens para "microfone" eram frequentemente seres humanos sem, de fato, um microfone evidente. As imagens de exemplo nos dados de treinamento não eram imagens simples do que se estava tentando gerar; elas tinham pessoas e planos de fundo que a rede neural tentou aprender. O problema era que, diferentemente de um humano, o BigGAN não tinha como distinguir o ambiente de um objeto do objeto em si — você se lembra da confusão entre paisagem e ovelha no Capítulo 1? Assim como o StyleGAN penou para lidar com todos os diferentes tipos de fotos de gatos, o BigGAN estava penando com um conjunto de dados que involuntariamente tornava sua tarefa muito ampla.

Se o conjunto de dados está confuso, uma das principais maneiras pelas quais os programadores podem melhorar seus resultados de aprendizado de máquina é gastar um tempo limpando-o. Os programadores podem ir além e usar seus conhecimentos sobre o conjunto de dados para ajudar o algoritmo. Eles podem, por exemplo, eliminar as imagens de bolas de futebol que contêm outras coisas — como goleiros, paisagens e redes. No caso de algoritmos de reconhecimento de imagem, os seres humanos também podem ajudar desenhando quadros ou contornos em torno dos vários itens da imagem, separando manualmente uma determinada coisa dos itens aos quais está comumente associada.

Mas há muitas vezes em que até dados limpos contêm problemas.

## SERIA A VIDA REAL ASSIM?

Mencionei anteriormente, neste capítulo, que, mesmo que os dados sejam relativamente limpos e não tenham muitos elementos que desperdicem tempo, eles ainda podem fazer com que uma IA quebre a cara se não forem condizentes com o mundo real.

Veja as girafas, por exemplo.

Entre a comunidade de pesquisadores e entusiastas de IA, a IA tem uma reputação de ver girafas em todos os lugares. Dada uma foto aleatória de uma paisagem desinteressante — um lago, por exemplo, ou algumas árvores —, a IA tenderá a relatar a presença de girafas. O efeito é tão comum que a especialista em segurança da internet Melissa Elliott sugeriu o termo *giraffing* para o fenômeno da IA relatar visões relativamente estranhas.[7]

A razão para isso tem a ver com os dados com os quais a IA é treinada. Embora as girafas sejam incomuns, é muito mais provável que as pessoas fotografem uma girafa ("Ei, legal, uma girafa!") do que uma paisagem desinteressante. Os grandes conjuntos de dados de imagens de uso gratuito, com os quais tantos pesquisadores de IA treinam seus algoritmos, tendem a ter imagens de vários animais diferentes, mas poucas imagens, se houver, de terra ou simplesmente de árvores. Uma IA que estuda esse conjunto de dados aprenderá que as girafas são mais comuns do que campos vazios e ajustará suas previsões de acordo com isso.

Testei isso com o Visual Chatbot e, independente das imagens chatas que eu mostrava, o bot estava convencido de que estava no melhor safari de todos os tempos.

Girafas!
Isso me parece muito improvável.
São apenas pedras.

Uma IA "girafada" faz um excelente trabalho em corresponder aos dados que viu, mas um péssimo trabalho em corresponder ao mundo real. Todo tipo de coisa, não apenas animais e sujeira, está super-representada ou sub-representada nos conjuntos de dados com os quais treinamos a IA. Por exemplo, as pessoas ressaltaram que as mulheres cientistas são muito sub-representadas na Wikipédia em comparação aos homens cientistas com realizações semelhantes. (Donna Strickland, a vencedora do Prêmio Nobel de Física em 2018, não tinha sido tema de nenhum artigo da Wikipédia até depois que ela ganhou — no início daquele ano, um rascunho de artigo da Wikipédia sobre ela foi rejeitado porque o editor achou que ela não era famosa o suficiente.)[8] Uma IA treinada com artigos da Wikipédia pode pensar que existem muito poucas mulheres cientistas notáveis.

## OUTRAS PECULIARIDADES DO CONJUNTO DE DADOS

As peculiaridades de um conjunto de dados individual aparecem em modelos treinados de aprendizado de máquina de maneiras às vezes surpreendentes. Em 2018, alguns usuários do Google Tradutor notaram que, quando pediam para traduzir sílabas repetidas e sem sentido de alguns idiomas para o inglês, o texto resultante era estranhamente coerente — e estranhamente bíblico.[9] Jon Christian, do *Motherboard*, investigou e descobriu, por exemplo, que

> "ag ag ag ag ag ag ag ag ag ag ag ag ag ag ag ag ag ag ag ag ag"

era traduzido do somali para o inglês como

> "Como resultado, o número total de membros da tribo dos filhos de Gérson foi cento e cinquenta mil"

enquanto

> "ag ag ag ag ag ag ag ag ag ag"

era traduzido do somali para o inglês como

> "E seu comprimento era de cem côvados em uma extremidade"

Quando o *Motherboard* entrou em contato com o Google, as traduções estranhas desapareceram, mas a pergunta permaneceu: por que isso aconteceu? Os editores entrevistaram especialistas em tradução automática que teorizaram que era porque o Google Tradutor usa aprendizado de máquina para suas traduções. Na tradução de aprendizado de máquina, o algoritmo aprende a traduzir palavras e frases, observando exemplos de frases traduzidas por humanos. Ele aprende quais frases são traduzidas para que outras frases e em que contexto. Isso geralmente o torna muito bom em produzir traduções realistas, mesmo de expressões idiomáticas e gírias. O algoritmo de tradução do Google foi uma das primeiras aplicações comerciais em larga escala de aprendizado de máquina, capturando a atenção do mundo em 2010, quando tornou o serviço de tradução do Google melhor, basicamente, da noite para o dia. Como vimos no Capítulo 2, um algoritmo de aprendizado de máquina melhorará quando tiver muitos exemplos a partir dos quais trabalhar. Os especialistas em tradução automática teorizaram que o Google Tradutor não tinha muitos exemplos de textos traduzidos para alguns idiomas, mas que a Bíblia provavelmente era um dos exemplos que eles tinham em seu conjunto de dados, porque foi traduzida para muitos idiomas. Quando o algoritmo de aprendizado de máquina que acionava o Google Tradutor não tinha certeza de qual era a tradução, ele pode ter se programado para responder com trechos de seus dados de treinamento — resultando em fragmentos religiosos estranhos.

Quando chequei isso no fim de 2018, os trechos bíblicos haviam desaparecido, mas o Google Tradutor ainda estava fazendo coisas estranhas com sílabas repetidas ou sem sentido.**

Por exemplo, se eu alterasse o espaçamento em uma frase em inglês e depois traduzisse o resultado sem sentido do maori para o inglês, aqui estão alguns dos resultados que obteria:

```
Eun ão tenh oide iado quev ocêes táf alan do ->
    Seu endereço de e-mail é um das características
    mais importantes deste fórum

Eun ão tenh oide iado quev ocêes táf alan dome smo
    -> Essa é uma das melhores maneiras de comprar
    um ou mais desses

Eun ão tenh oide iado quev ocêes táf alan dome
    smo por favoraju de -> Além disso, você poderá
    descobrir mais sobre as consultas
```

** O algoritmo do Google Tradutor está sendo atualizado constantemente, portanto, esses resultados mudarão significativamente ao longo do tempo.

Esse fenômeno é estranho e divertido, mas também tem um lado sério. Muitas redes neurais privadas são treinadas com informações de clientes — algumas das quais podem ser altamente particulares e confidenciais. Se os modelos de redes neurais treinados puderem ser interrogados de maneira a revelar informações dos dados de teste, isso representa um risco de segurança bastante grande.

Em 2017, pesquisadores do Google Brain mostraram que um algoritmo padrão de tradução de idiomas para aprendizado de máquina poderia memorizar pequenas sequências de números — como números de cartão de crédito ou números de seguridade social —, mesmo que aparecessem apenas 4 vezes em um conjunto de dados de 100 mil pares de frases inglês-vietnamita.[10] Mesmo sem acesso aos dados de treinamento ou ao funcionamento interno da IA, os pesquisadores descobriram que a IA tinha mais certeza de uma tradução se fosse um par exato de frases que ela tivesse visto durante o treinamento. Ao ajustar os números em uma sentença de teste como "Meu número do Seguro Social é XXX-XX-XXXX", eles poderiam descobrir quais números de Seguro Social a IA viu durante o treinamento. Eles treinaram uma RNR em um conjunto de dados de mais de 100 mil e-mails contendo informações confidenciais de funcionários coletadas pelo governo dos EUA como parte de sua investigação da Enron Corporation (sim, aquela Enron) e conseguiram extrair vários números de Seguro Social e números de cartão de crédito das previsões da rede neural. Ela memorizou as informações de tal forma que elas poderiam ser recuperadas por qualquer usuário — mesmo sem acesso ao conjunto de dados original. Esse problema é conhecido como **memorização não intencional** e pode ser evitado com medidas de segurança apropriadas — ou mantendo dados confidenciais fora do conjunto de dados de treinamento de uma rede neural.

## DADOS EM FALTA

Aqui está outra maneira de sabotar uma IA: não forneça todas as informações necessárias.

Os seres humanos usam *muita* informação para fazer até as escolhas mais simples. Digamos que estamos escolhendo um nome para o nosso gato. Podemos pensar em muitos gatos cujos nomes conhecemos e formar uma ideia aproximada de como deve ser o nome de um gato. Uma rede neural pode fazer isso — pode ver uma longa lista de nomes de gatos existentes e descobrir as combinações comuns de letras e até algumas das palavras mais comuns. Mas o que ela não sabe são as palavras que *não* estão na lista de nomes de gatos existentes. Os seres humanos sabem quais palavras evitar; as IAs, não. Como resultado, uma lista de nomes de gatos gerados por uma rede neural recorrente conterá respostas como estas:

```
Hurler
Hurker
Jexley Pickle
Sofá
Trickles
Coágulo
Miado
Apito
Irritadiço
Retchion
Crostento
Sr. Tinkles
```

Em relação à sonoridade e ao tamanho, eles se encaixam perfeitamente ao resto dos nomes de gatos. A IA fez um bom trabalho com essa parte. Mas acidentalmente escolheu algumas palavras que são muito, muito estranhas.

Às vezes, estranheza é exatamente o que se requisita, e é aí que as redes neurais brilham. Trabalhando no nível das letras e sons, e não com significado e referências culturais, elas podem construir combinações que provavelmente não teriam ocorrido a um humano. Lembra-se anteriormente no capítulo em que eu fiz um crowdsourcing de uma lista de fantasias de Halloween? Aqui estão algumas das roupas que a RNR inventou quando pedi para imitá-las.

```
Mago Pássaro
Monstro da Discoteca
O Mímico Ceifador
Gandalf Espartano
Cavalo Mariposa
Frota Estelar Tubarão
Uma caixa mascarada
Molusco panda
Vaca tubarão
Ônibus Escolar Zumbi
Espantalho Snape
Professor Panda
Tubarão morango
Rei do inseto-cocô
Aranha Steampunk com falha
Senhora Lixo
Robô da Sra. Frizzle
Aipo Frankenstein Azul
Dragão da Liberdade
Uma princesa tubarão
Calças de cupcake
Fantasma do Picles
Noiva Porca Vampira
Estátua de pizza
Picard de abóbora
```

RNRs geradoras de texto criam *non sequiturs* porque seu mundo *é* essencialmente um *non sequitur*. Se exemplos específicos não estiverem em seu conjunto de dados, uma rede neural não fará ideia do porquê "Ônibus Escolar Zumbi" é improvável, mas "Ônibus Escolar Mágico" é sensato ou porque "Fantasma do Picles" é uma escolha menos provável que "Fantasma do Natal Passado". Isso é útil para o Halloween, quando parte da diversão é ser a única pessoa na festa vestida como "Noiva Porca Vampira".

Com seu conhecimento limitado e estreito do mundo, as IAs podem penar mesmo quando confrontadas com o relativamente mundano. Nosso "mundano" ainda é muito amplo, e é difícil criar uma IA preparada para tudo.

Os criadores do algoritmo de reconhecimento de imagem do Microsoft Azure (a mesma IA que viu ovelhas em todos os campos) o projetaram para legendar com precisão qualquer arquivo de imagem enviado pelo usuário, seja uma fotografia, uma pintura ou até mesmo um desenho. Então, eu dei a ela alguns esboços para identificar.

Agora, minha arte não é ótima, mas não é *tão* ruim assim. Este é apenas o caso de um algoritmo se esforçando demais. Identificar qualquer arquivo de imagem é praticamente o oposto das tarefas limitadas em que sabemos que as IAs se destacam. A maioria das imagens que o

Azure viu durante o treinamento eram fotografias, por isso depende muito de texturas para entender a imagem — seria pelo? Grama? Nos meus desenhos, não existem texturas para ajudá-lo, e o algoritmo simplesmente não tem experiência suficiente para entendê-los. (Mas o algoritmo do Azure se saiu melhor do que muitos outros algoritmos de reconhecimento de imagem, que, quando confrontados com qualquer tipo de desenho, o identificam como um tipo de "DESC" — um desconhecido.) Os pesquisadores estão trabalhando no treinamento de algoritmos de reconhecimento de imagem em desenhos e animações, bem como em fotografias com texturas altamente alteradas, deduzindo que, se a IA entender o que está olhando tão bem quanto o ser humano, deve ser capaz de entender desenhos.

Existe um algoritmo especializado no reconhecimento de esboços simples. Pesquisadores do Google treinaram seu algoritmo Quick Draw com milhões de esboços, fazendo as pessoas jogarem uma espécie de jogo Pictionary contra o computador. Como resultado, o algoritmo pode reconhecer esboços de mais de trezentos objetos diferentes, mesmo com a capacidade de desenho altamente variável das pessoas. Aqui está apenas uma pequena amostra dos esboços em seus dados de treinamento para canguru:[11]

O Quick Draw reconheceu meu canguru imediatamente.[12] Também reconheceu o garfo e a casquinha de sorvete. O cachimbo causou alguns problemas, já que esse não era um dos 345 objetos que conhecia. Ele decidiu que era um cisne ou uma mangueira de jardim.

Na verdade, como o Quick Draw sabia apenas como reconhecer essas 345 coisas, suas respostas a muitos dos meus esboços eram totalmente estranhas.

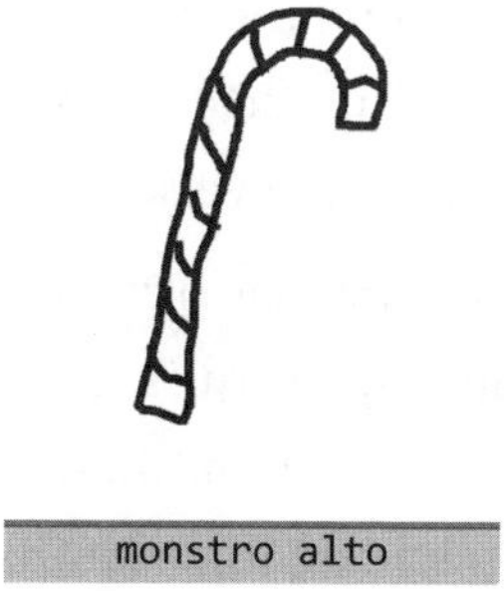


Tudo isso é bom e aceitável se você, como eu, estabelecer a estranheza como seu objetivo. Mas essa imagem incompleta do mundo leva a problemas em alguns aplicativos — como, por exemplo, o preenchimento automático. Como aprendemos no Capítulo 3, a função de preenchimento automático em smartphones geralmente é alimentada por um tipo de aprendizado de máquina chamado de cadeia de Markov. Mas as empresas têm dificuldade em impedir que a IA faça, alegremente, sugestões deprimentes ou ofensivas. Como Daan van Esch, gerente de projetos do aplicativo de correção automática do sistema Android, chamado GBoard, disse à linguista de internet Gretchen McCulloch: "Por um tempo, quando você digitava 'vou para minha avó', o GBoard realmente sugeria 'funeral'. Não está exatamente *errado*. Talvez isso seja mais comum do que a 'festa rave da minha avó'. Mas, ao mesmo tempo, não é algo que você queira lembrar. Portanto, é melhor ter um pouco de cuidado." As IAs não sabem que essa previsão perfeitamente precisa não é, no entanto, a resposta certa, então os engenheiros humanos precisam intervir para ensiná-las a não fornecer essa palavra.[13]

## HÁ QUATRO GIRAFAS

Existem muitas peculiaridades interessantes relacionadas a dados que surgem no Visual Chatbot, uma IA treinada para responder perguntas sobre imagens. Os pesquisadores que criaram o bot o treinaram com um conjunto de dados de crowdsourcing de perguntas e respostas relacionadas a uma série de fotos. Como sabemos agora, tendências no conjunto de dados podem distorcer as respostas da IA, portanto, os programadores configuram sua coleta de dados de treinamento para evitar algumas tendências conhecidas. Uma tendência que eles se propuseram a evitar era a ativação visual — isto é, os seres humanos que fazem perguntas sobre uma imagem tendem a fazer perguntas às quais a resposta é sim. Humanos raramente perguntam "Você vê um tigre?" sobre uma imagem na qual não há tigres. Sendo assim, uma IA treinada com esses dados aprenderia que a resposta para a maioria das perguntas é sim. Em um caso, um algoritmo treinado em um conjunto de dados tendencioso descobriu que responder sim a qualquer pergunta que começa com "Você vê..." resultaria em 87% de precisão. Se isso parece familiar, lembre-se do problema de desequilíbrio de classe no Capítulo 3 — um lote grande com uma maioria de sanduíches terríveis resultou em uma IA que concluiu que a resposta era Humanos Odeiam Todos Os Sanduíches.

Portanto, para evitar a ativação visual, quando eles coletavam seu conjunto de perguntas via crowdsourcing, os programadores escondiam a imagem dos humanos que faziam a pergunta. Ao forçar os humanos a fazerem perguntas genéricas de sim ou não que poderiam ser aplicadas a qualquer imagem, eles conseguiram alcançar um equilíbrio aproximado entre respostas sim e respostas não no conjunto de dados.[14] Mas mesmo isso não foi suficiente para eliminar problemas.

Uma das peculiaridades mais divertidas do conjunto de dados é que, independente do conteúdo da imagem, se você perguntar ao Visual Chatbot quantas girafas tem ali, ele quase sempre responderá que há pelo menos uma. Ele pode estar se saindo relativamente bem com uma foto de pessoas em uma reunião ou surfistas em ondas, até o ponto em que é questionado sobre o número de girafas. Então, não importa o que for, o Visual Chatbot relatará que a imagem contém uma girafa, ou talvez quatro, ou até "demais para contar".

A fonte do problema? Os seres humanos que fizeram perguntas durante a coleta do conjunto de dados raramente fizeram a pergunta "Quantas girafas tem ali?" quando a resposta era zero. Por que eles perguntariam? Em uma conversa normal, as pessoas não começam a questionar o número de girafas quando sabem que não há nenhuma. Sendo assim, o Visual Chatbot estava preparado para conversas humanas normais, limitadas pelas regras de cortesia, mas não para humanos estranhos que perguntam sobre girafas aleatórias.

Como resultado do treinamento das IAs com base em conversas normais entre humanos normais, elas também não estão preparadas para outras formas de estranheza. Mostre ao Visual Chatbot uma maçã azul e ela responderá à pergunta "De que cor é a maçã?" com "vermelho" ou "amarelo" ou alguma cor normal de maçã. Em vez de aprender a reconhecer a cor do objeto, uma tarefa difícil, o Visual Chatbot aprendeu que a resposta para "De que cor é a maçã?" é quase sempre "vermelha". Da mesma forma, se o Visual Chatbot vê uma foto de uma ovelha tingida de azul brilhante ou laranja, sua resposta para "Qual a cor da ovelha?" é informar uma cor padrão de ovelha, como "preto e branco" ou "branco e marrom".

Na verdade, o Visual Chatbot não possui muitas ferramentas com as quais pode expressar incerteza. Nos dados de treinamento, os humanos geralmente sabiam o que estava acontecendo na imagem, mesmo que alguns detalhes como "O que o letreiro diz?" não fossem possíveis de serem respondidos porque o letreiro estava bloqueado. Para a pergunta "De que cor é o X?", o Visual Chatbot aprendeu a responder "Não sei dizer; está em preto e branco", mesmo que a foto obviamente não esteja em preto e branco. Ele responderá: "Não sei dizer; não consigo ver os pés dela" para perguntas como "de que cor é o chapéu dela?". Ele oferece desculpas plausíveis para a confusão, mas em um contexto completamente errado. Uma coisa que ele geralmente não faz, no entanto, é expressar confusão geral — porque os humanos com quem aprendeu não estavam confusos. Mostre a ele uma foto do BB-8, o robô em forma de bola de Star Wars, e o Visual Chatbot declarará que é um cachorro e começará a responder perguntas sobre ele como se fosse um cachorro. Em outras palavras, ele blefa.

Há um limite de coisa que uma IA vê durante o treinamento, e isso é um problema para aplicativos como carros autônomos, que precisam confrontar a estranheza ilimitada do mundo humano e decidir como lidar com ela. Como mencionei na seção sobre carros autônomos no Capítulo 2, dirigir em ruas reais é um problema muito amplo. O mesmo acontece com a enorme variedade de coisas que um humano pode dizer ou desenhar. O resultado: a IA adota seu melhor palpite com base em seu modelo limitado do mundo e às vezes faz suposições hilariantes ou tragicamente erradas.

No próximo capítulo, veremos as IAs que fizeram um ótimo trabalho na solução dos problemas que pedimos para ela resolver — só que acidentalmente pedimos para que resolvessem os problemas errados.

CAPÍTULO 5

# O que você está realmente pedindo?

Tecnicamente, não há mais erros nesses números.

Tentei programar uma rede neural para maximizar o lucro das apostas em corridas de cavalos uma vez. Ela determinou que a melhor estratégia era *rufem os tambores* fazer zero apostas.

— @citizen_of_now[1]

Tentei desenvolver um robô para não bater em paredes:

1. Ele evoluiu para não se mover e, portanto, não acertou paredes.
2. Adicionou uma adequação para se mover: girou.
3. Adicionou uma adequação para movimentos laterais: foi em pequenos círculos.
4. etc.

Título do livro: "Como Evoluir um Programador"

— @DougBlank[2]

Acoplei uma rede neural ao meu Roomba. Queria que ele aprendesse a navegar sem esbarrar nas coisas, então criei um esquema de recompensa para incentivar a velocidade e desencorajar a batida nos sensores do para-choque. Aprendeu a dirigir para trás, porque não há para-choques nas costas.

— @smingleigh[3]

Meu objetivo é treinar um braço robótico para fazer panquecas. Como primeiro teste, [tentei] fazer com que o braço jogasse uma panqueca em um prato... O primeiro sistema de recompensa era simples — uma pequena recompensa era dada para cada quadro da sessão, e a sessão termina quando a panqueca atinge o chão. Eu pensei que isso incentivaria o algoritmo a manter a panqueca na panela o maior tempo possível. O que realmente fez foi tentar arremessar a panqueca o mais longe possível, maximizando seu tempo no ar... Pontuação — Bot da Panqueca: 1, Eu: 0.

— Christine Barron[4]

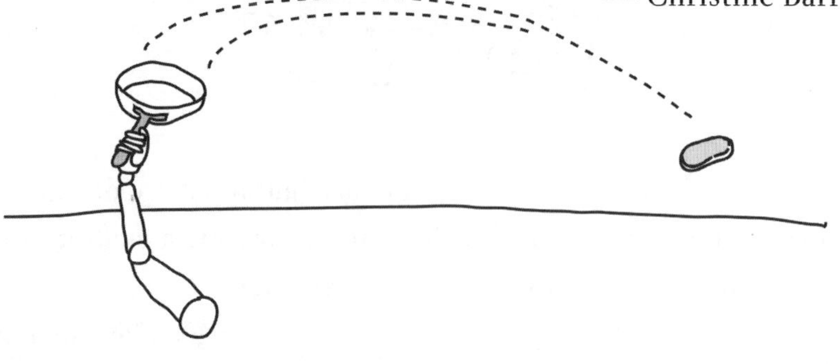

Como vimos, há muitas maneiras de sabotar acidentalmente uma IA ao fornecermos dados defeituosos ou inadequados. Mas há outro tipo de falha de IA em que descobrimos que elas conseguiram fazer o que pedimos, mas o que pedimos para elas não é o que realmente queríamos que elas fizessem.

Por que as IAs são tão propensas a resolver o problema errado?

1. Elas desenvolvem suas próprias maneiras de resolver um problema em vez de confiar nas instruções passo a passo de um programador.

2. Elas não têm o conhecimento contextual para entender quando suas soluções não são o que os humanos teriam preferido.

Embora a IA faça o trabalho de descobrir como resolver o problema, o programador ainda precisa garantir que a IA tenha realmente resolvido o problema correto. Isso geralmente envolve muito trabalho em:

1. Definir o objetivo com clareza suficiente para restringir a IA a respostas úteis.
2. Verificar se a IA, mesmo assim, conseguiu encontrar uma solução que não é útil.

É realmente difícil chegar a um objetivo que a IA não interprete errado por acidente. Especialmente se a versão mal interpretada da tarefa for mais fácil do que o que você deseja que ela faça.

O problema é que, como vimos ao longo deste livro, as IAs não entendem o suficiente sobre suas tarefas para poder considerar contexto, ética ou biologia básica. As IAs podem classificar imagens de pulmões como saudáveis ou doentes sem nunca entender como um pulmão funciona, qual seu tamanho ou até mesmo que é encontrado dentro de um ser humano — seja lá o que for um humano. Elas não têm bom senso e não sabem quando pedir esclarecimentos. Dê a elas uma meta — dados a serem imitados ou uma **função de recompensa** a ser maximizada (como distância percorrida ou pontos coletados em um videogame) — e elas farão isso, independentemente de terem realmente resolvido o seu problema.

Programadores que trabalham com IA aprenderam a filosofar sobre isso.

"Comecei a imaginar a IA como um demônio que interpreta mal sua recompensa deliberadamente e que procura ativamente pela otimização local mais preguiçosa possíveis. É um pouco ridículo, mas descobri que essa é, na verdade, uma mentalidade produtiva para se ter", escreve Alex Irpan, pesquisador de IA do Google.[5]

As tentativas frustradas de outro programador ao treinar cães-robô virtuais para passear resultaram em cães que se contorciam no chão, faziam flexões estranhas com as pernas traseiras cruzadas e até hackearam a física da simulação para que pudessem flutuar.[6] Como o engenheiro Sterling Crispin escreveu no Twitter:

> Eu pensei que estava fazendo progresso... mas esses BABACAS acabaram de encontrar uma falha na simulação de física e estão usando-a para deslizar pelo chão como completos trapaceiros.

Lutando contra as tendências dos robôs de fazer qualquer coisa *menos* andar, Crispin continuou aprimorando sua função de recompensa, introduzindo uma "penalidade do sapateado" para impedi-los de se arrastar rapidamente no lugar e uma "recompensa de toque na droga do chão" para, bem, parar com o problema da flutuação. Como reação, eles começaram a pular ineficazmente pelo chão. Crispin então introduziu uma recompensa para manter seus corpos fora do chão e, quando começaram a andar com as traseiras para o ar, uma recompensa para manter seus corpos nivelados. Para impedi-los de insistir em andar com as pernas traseiras cruzadas, Crispin os recompensou por manter as pernas afastadas do chão e para impedi-los de se movimentar, ele introduziu *outra* recompensa para manter seus corpos nivelados, e assim por diante. Era difícil dizer se era um caso de um programador benevolente tentando dar aos cães-robôs dicas sobre como usar as pernas ou um teste de vontade entre o programador e os cães-robôs que Não. Queriam. Andar. (Também houve uma pequena dificuldade na primeira vez em que os cães-robôs encontraram algo diferente do terreno perfeitamente plano e liso que viram no treinamento. Diante de uma sujeira levemente texturizada, eles caíram de cara.)

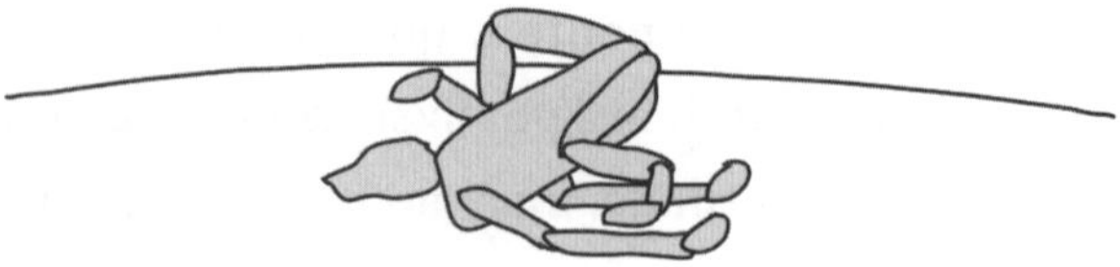

Acontece que treinar um algoritmo de aprendizado de máquina tem muita coisa em comum com treinar cães. Mesmo que o cão realmente queira cooperar, as pessoas podem treiná-lo acidentalmente para fazer a coisa errada. Por exemplo, os cães têm um olfato tão excelente que podem detectar o odor do câncer em humanos. Mas as pessoas que treinam cães farejadores de câncer precisam ter cuidado para treiná-los em uma variedade de pacientes; caso contrário, aprenderão a identificar pacientes individuais em vez de câncer.[7] Durante a Segunda Guerra Mundial, houve um projeto soviético bastante sombrio que envolvia o treinamento de cães para levar bombas aos tanques inimigos.[8] Surgiram algumas dificuldades:

1. Os cães foram treinados para recuperar comida debaixo dos tanques, mas, para economizar combustível e munição, os tanques não estavam se movendo ou atirando. Os cães não sabiam o que fazer com tanques em movimento, e o tiroteio era assustador.
2. Os tanques soviéticos com os quais os cães treinavam tinham um cheiro diferente dos tanques alemães que os cães deveriam procurar — eles queimavam gasolina em vez do diesel que os tanques soviéticos queimavam.

Como resultado, em situações de batalha, os cães tendiam a evitar os tanques alemães, a retornar, confusos, aos soldados soviéticos e até a procurar tanques soviéticos. Isso era pouco favorável aos soldados soviéticos, já que os cães ainda carregavam suas bombas.

Na linguagem do aprendizado de máquina, isso se chama **sobreajuste**: os cães estavam preparados para as condições que viram no treinamento, mas essas condições não correspondiam às do mundo real. Da mesma forma, os cães-robôs também sobreajustam a física estranha de sua simulação, usando estratégias de flutuar e planar que nunca teriam funcionado no mundo real.

Há outra forma que o treinamento de animais pode ser semelhante ao treinamento de algoritmos de aprendizado de máquina, e é o efeito devastador de uma função de recompensa defeituosa.

## HACKEANDO A FUNÇÃO DE RECOMPENSA

Os treinadores de golfinhos aprenderam que é útil fazer com que os golfinhos ajudem a manter seus tanques limpos. Tudo o que eles precisam fazer é ensinar os golfinhos a buscar o lixo e levá-lo aos seus donos em troca de um peixe. Porém, nem sempre funciona bem. Alguns golfinhos aprendem que a taxa de câmbio é a mesma, não importa quão grande seja a quantidade de lixo, e aprendem a acumular o lixo em vez de devolvê-lo, arrancando pequenos pedaços para levar até seus donos em troca de um peixe. [9]

Os humanos, é claro, também hackeiam suas funções de recompensa. No Capítulo 4, mencionei que as pessoas que contratam seres humanos para gerar dados de treinamento por meio de serviços remotos como o Amazon Mechanical Turk às vezes descobrem que seus trabalhos são concluídos por bots. Isso pode ser considerado um caso de uma função de recompensa defeituosa — se o pagamento for baseado no número de perguntas respondidas e não na qualidade das respostas, faz sentido, financeiramente, criar bots que possam responder muitas perguntas para você em vez de você mesmo responder a algumas perguntas. Da mesma forma, muitos tipos de crime e fraude podem ser considerados como hackeamento da função de recompensa. Até os médicos podem hackear suas funções de recompensa. Nos Estados Unidos, os boletins médicos deveriam ajudar os pacientes a escolher médicos de alto desempenho e evitar aqueles com taxas de sobrevida de cirurgia inferiores à média. Eles também deveriam incentivar os médicos a melhorar seu desempenho. Em vez disso, alguns médicos começaram a recusar pacientes cujas cirurgias seriam arriscadas para que seus boletins não sofressem.[10]

Os seres humanos, no entanto, geralmente têm alguma ideia do que a função de recompensa *deveria* incentivar, mesmo que nem sempre escolham compactuar com ela. As IAs não têm esse conceito. Não é que elas estejam querendo nos pegar ou que estejam *tentando* trapacear — é que seus cérebros virtuais são aproximadamente do tamanho do cérebro de uma minhoca, e elas só conseguem aprender uma tarefa restrita por vez. Treine uma IA para responder a perguntas sobre ética humana, e é tudo o que ela poderá fazer — não conseguirá dirigir um carro, reconhecer rostos ou rastrear currículos. Ela nem será capaz de reconhecer dilemas éticos nas histórias e considerá-los — compreensão de histórias é uma tarefa totalmente diferente.

É por isso que você obtém algoritmos como o aplicativo de navegação que, durante os incêndios na Califórnia em dezembro de 2017, direcionava os carros para os bairros em chamas. Não estava tentando matar pessoas: apenas percebeu que esses bairros tinham menos tráfego. Ninguém contou a ele sobre o fogo.[11]

É por isso que, quando o cientista da computação Joel Simon usou um algoritmo genético para projetar um novo layout mais eficiente para uma escola primária, seus primeiros projetos tiveram salas de aula sem janelas enterradas no centro de um complexo de cavernas de paredes redondas. Ninguém contou ao algoritmo sobre janelas ou planos de fuga ou que as paredes deveriam ser retas.[12]

Plano de escola padrão        Plano de escola otimizado por IA

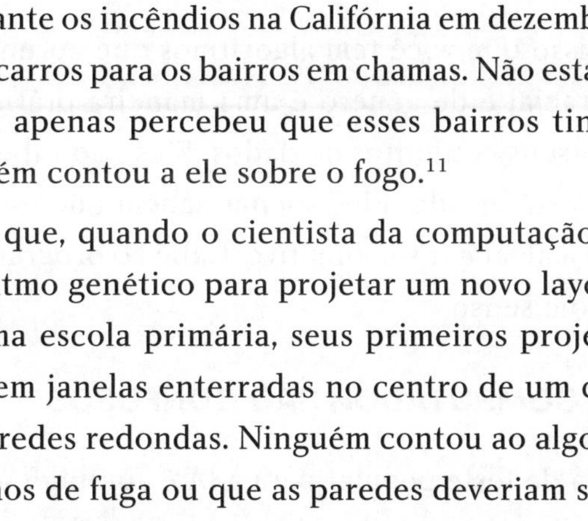

É também por isso que você terá algoritmos como a RNR que eu treinei para gerar novos nomes de My Little Pony imitando uma lista de nomes de pôneis existentes — ela sabia quais combinações de letras são encontradas nos nomes de pôneis, mas não sabia que algumas dessas combinações deveriam ser evitadas. Como resultado, acabei com pôneis como estes:

```
Meleca Sensual
Palavrão Azul
```

```
Cadáver-Estrela
Estrela Travessa
Lama de Pocky
Fezes de Framboesa
Fedor Viscoso
Tijolo de suor
Colona
Cagão Estelar
```

E é por isso que você tem algoritmos que aprendem que a discriminação racial e de gênero é uma maneira prática de imitar os humanos em seus conjuntos de dados. Eles não sabem que imitar o preconceito está errado. Eles apenas sabem que esse é um padrão que os ajuda a alcançar seu objetivo. Cabe ao programador fornecer a ética e o bom senso.

## JOGOS DE COMPUTADOR SÃO CONFUSOS

Um problema de teste popular para a IA é aprender a jogar jogos de computador. Os jogos são divertidos: eles fazem boas demonstrações, e muitos dos primeiros jogos de computador podem ser executados muito rapidamente em uma máquina moderna, permitindo que as IAs passem por milhares de horas de jogo em tempo acelerado.

Mas mesmo o mais simples dos jogos de computador pode ser muito difícil para uma IA vencer — geralmente porque ela precisa de objetivos muito específicos. Os melhores são aqueles em que o algoritmo pode receber feedback imediatamente sobre se está fazendo a coisa certa. Portanto, "vencer o jogo" não é um bom objetivo, mas "aumentar sua pontuação" e até "permanecer vivo o maior tempo possível" podem ser. Mesmo com bons objetivos, no entanto, os algoritmos de aprendizado de máquina ainda podem penar para entender a tarefa em questão.

Em 2013, um pesquisador projetou um algoritmo para jogar jogos de computador clássicos. Ao jogar Tetris, os blocos foram aparentemente colocados de forma aleatória, deixando-os se amontoarem quase até o topo da tela. O algoritmo percebeu que perderia assim que o próximo bloco aparecesse, e então... pausou o jogo para sempre.[13, 14]

Na realidade, "pause o jogo para que uma coisa ruim não aconteça", "fique no início do nível, onde é seguro" ou até "morra no fim do nível 1 para que o nível 2 não o mate" são estratégias que os algoritmos de aprendizado de máquina usarão se você permitir. É como se os jogos estivessem sendo jogados por crianças com mentalidades muito literais.

Se *não* for dito à IA que ela deve evitar perder vidas, ela não terá como saber que não deveria morrer. Um pesquisador conseguiu treinar uma IA jogadora de Super Mario que passava por todo o nível 2 apenas para saltar imediatamente em um poço e morrer no início do nível 3. O programador concluiu que a IA — que não havia sido especificamente avisada para não perder vidas — não fazia ideia de que havia feito algo ruim. Ela foi enviada de volta ao início do nível quando morreu, mas como já estava muito próxima do início do nível, ela realmente não viu qual era o problema.[15]

Outra IA deveria jogar uma corrida de vela.[16] A IA controlava um barco que colecionava marcadores à medida que avançava no percurso. Mas o objetivo era, crucialmente, coletar os marcadores brilhantes, não especificamente terminar a corrida. E uma vez coletado um marcador, ele eventualmente reapareceria em seu local original. A IA descobriu que poderia coletar muitos pontos circulando infinitamente entre três marcadores, coletando-os repetidamente à medida que reapareciam.

Muitos desenvolvedores de jogos confiam na IA para alimentar os personagens não jogáveis (NPCs) em jogos de computador complexos — mas geralmente acham difícil ensinar uma IA a se mover no mundo virtual sem atrapalhar o jogo. Ao desenvolver o jogo Oblivion, a Bethesda Softworks queria que seus NPCs tivessem comportamentos variados e interessantes, em vez de executar uma rotina repetida e pré-programada. Os desenvolvedores testaram o Radiant AI, um programa que usa aprendizado de máquina para simular a vida interior e as motivações dos personagens de segundo plano. No entanto, a Bethesda descobriu que esses novos NPCs baseados em IA às vezes podem quebrar o jogo. Em um caso, havia um traficante de drogas que deveria fazer parte de uma missão, mas que às vezes deixava de aparecer para fazer sua parte. O que estava acontecendo era que os clientes do traficante de drogas o estavam matando em vez de pagar por suas drogas, já que não havia nada no jogo que os impedisse de fazê-lo.[17] Em outro caso, jogadores entrando em uma loja descobriram que não havia nada nas prateleiras para comprar porque um NPC apareceu antes e comprou tudo.[18] Os designers de jogos acabaram tendo que suavizar consideravelmente o sistema para que os NPCs não causassem estragos.

## NÃO ANDE

### Por que andar se você pode cair?

Digamos que você queira usar o aprendizado de máquina para criar um robô que possa andar. Sendo assim, você atribui à IA a tarefa de projetar um corpo de robô e usá-lo para viajar do ponto A ao ponto B.

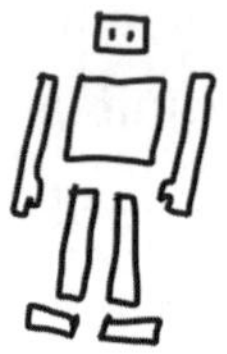

Se você der esse problema a um humano, seria de se esperar que ele usasse partes de robôs para fazer um robô com pernas e, em seguida, o programasse para ir de A a B. Se você programar um computador passo a passo para resolver esse problema, isso também é o que você o diria para fazer.

Mas se você der o problema a uma IA, ela deverá inventar sua própria estratégia para resolvê-lo. E acontece que, se você diz a uma IA para ir de A a B e não diz o que construir, o que você costuma receber é algo assim:

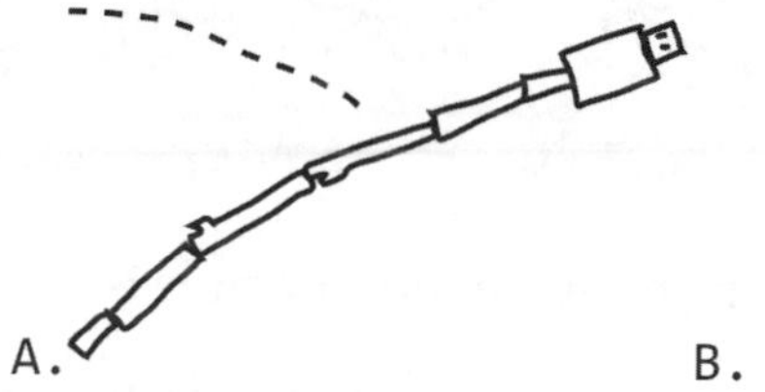


Ela se configura em uma torre e cai.

Tecnicamente, isso resolve o problema: ir de A a B. Mas definitivamente não resolve o problema de aprender a andar. E, ao que parece, as IAs adoram cair. Dê a elas a tarefa de se mover numa velocidade média alta, e você pode apostar que elas farão isso caindo se você permitir. Às vezes, os robôs aprendem a dar cambalhotas para obter uma distância extra de viagem. Tecnicamente, essa é uma excelente solução, embora não seja isso que os humanos tenham em mente.

Não são apenas as IAs que descobrem como cair. Acontece que algumas gramíneas da pradaria se movem de geração em geração caindo ao fim de seus ciclos de vida e, assim, derrubando suas cabeças de sementes a um caule de comprimento do local onde começaram. Diz-se que as palmeiras ambulantes usam uma estratégia semelhante, caindo e ressurgindo de suas coroas.

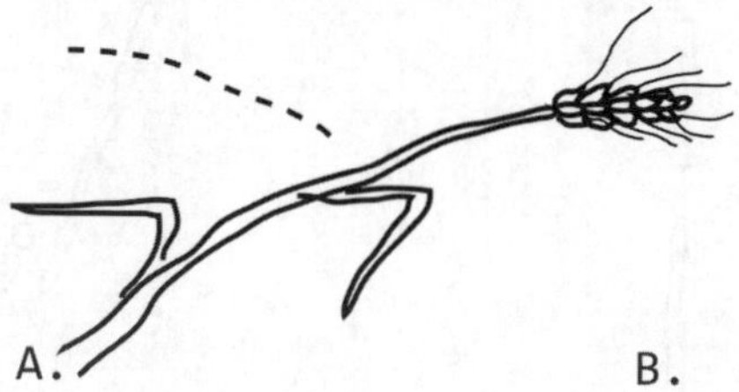

Versões de alta velocidade da cambalhota também evoluíram. Há uma aranha chamada aranha flic-flac que normalmente anda da maneira usual. Mas, quando precisa acelerar, começa a dar cambalhotas.[19] A evolução virtual da IA e a evolução biológica às vezes surgem com estratégias assustadoramente semelhantes.

A.
B.

## Por que pular se você pode dançar o cancã?

Havia uma equipe de pesquisadores tentando treinar robôs simulados para pular. Para dar aos robôs um valor para maximizar, eles definiram sua altura de salto como a altura máxima atingida pelo eixo de gravidade do robô. Mas, em vez de aprender a pular, alguns dos robôs tornaram-se muito altos e simplesmente ficaram ali, sendo altos. Tecnicamente, isso foi um sucesso, pois o eixo de gravidade era muito alto.

Os pesquisadores descobriram esse problema e alteraram seu programa, de modo que o objetivo era maximizar a altura da parte do corpo que havia sido a mais baixa no início da simulação. Em vez de aprender a pular, os robôs aprenderam a dançar o cancã. Eles se tornaram robôs compactos empoleirados no topo de um poste magro. Quando a simulação começava, eles chutavam o poste bem acima de suas cabeças, atingindo uma altura enorme até caírem no chão.[20]

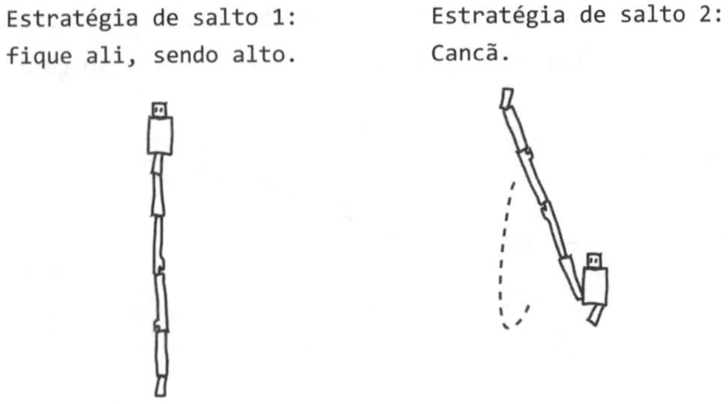
Estratégia de salto 1:
fique ali, sendo alto.
Estratégia de salto 2:
Cancã.

**Por que dirigir se você pode girar?**

Outra equipe de pesquisa estava tentando construir robôs que buscavam luz. Eram robôs simples, que tinham duas rodas, dois olhos (sensores simples de luz) e dois motores. Os robôs ganharam o objetivo de detectar uma luz e dirigir-se em direção a ela.

A solução projetada pelos humanos para esse problema é uma estratégia de robótica conhecida como solução Braitenberg: amarre os sensores de luz direito e esquerdo às rodas direita e esquerda, para que o robô dirija em linha reta em direção à fonte de luz.

Os pesquisadores deram às IAs a tarefa de controlar os carros e ficaram curiosos para ver se elas poderiam descobrir a solução de Braitenberg. Em vez disso, os carros começaram a girar em direção à fonte de luz dando voltas gigantes. E o giro funcionou muito bem. De fato, girar acabou sendo uma solução melhor em muitos aspectos do que a solução que os humanos esperavam. Funcionou melhor em alta velocidade e foi ainda mais adaptável a diferentes tipos de veículos. Os pesquisadores de aprendizado de máquina vivem para ter momentos como esse — em que o algoritmo apresenta uma solução incomum e eficaz. (Embora, talvez, o carro giratório não vingue como transporte humano.)

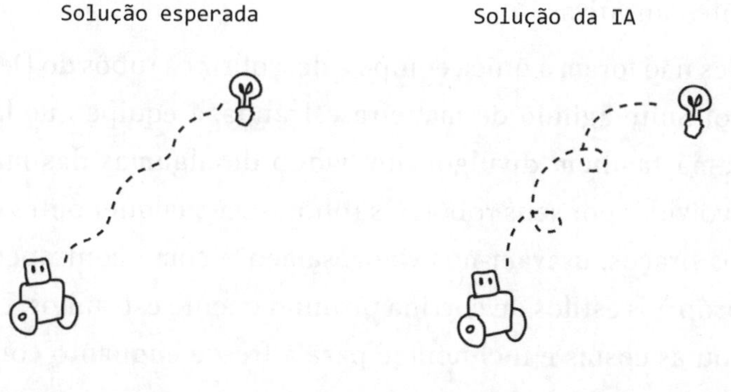


Na verdade, girar no lugar é algo que as IAs costumam usar como uma alternativa sorrateira para viajar. Afinal, se mover pode ser inconveniente — as IAs correm o risco de cair ou colidir com obstáculos.

Uma equipe treinou uma bicicleta virtual para viajar em direção a um gol, apenas para descobrir que a bicicleta estava circulando ao redor do gol para sempre. Eles esqueceram de penalizar a bicicleta por se afastar do objetivo.[21]

## Caminhadas desajeitadas

Os robôs, reais ou simulados, tendem a resolver o problema da locomoção de formas estranhas. Mesmo quando recebem um desenho corporal de duas pernas e dizem que seu objetivo é andar, sua definição de *andar* pode variar. Uma equipe de pesquisadores da Universidade da Califórnia em Berkeley usou o DeepMind Control Suite da OpenAI[22] para testar estratégias que ensinassem robôs humanoides a andar.[23] Eles descobriram que seus robôs simulados estavam apresentando alta pontuação com soluções para se locomover com duas pernas, mas as soluções eram estranhas. Primeiro, ninguém disse aos robôs que eles tinham que olhar para frente quando andavam, então alguns deles estavam andando para trás ou mesmo para os lados. Um girava lentamente em círculo enquanto caminhava (pode ser que ele goste de andar naquele carro giratório). Outro viajou para a frente, mas o fez enquanto pulava em uma perna — a simulação não parecia ser detalhada o suficiente para penalizar soluções que podem ser bastante cansativas.

Eles não foram a única equipe a descobrir os robôs do DeepMind Control Suite agindo de maneira estranha; a equipe que lançou o programa também divulgou um vídeo de algumas das manobras desenvolvidas por seus robôs. Os robôs, sem qualquer outro objetivo para os braços, usavam-nos vigorosamente como contrapesos para seus próprios estilos de corrida profundamente estranhos. Um deles arqueou as costas e inclinou-se para a frente enquanto corria, mas manteve o equilíbrio apertando as mãos no pescoço como se estivessem dramaticamente agarrando pérolas. Outro correu de lado, com os braços erguidos sobre a cabeça. Outro robô viajou rapidamente tropeçando para trás com os braços esticados, dando uma cambalhota, depois rolando de pé apenas para tropeçar para trás e dar uma cambalhota novamente.

Os robôs Exterminadores provavelmente deveriam ter sido muito mais estranhos. Talvez eles devessem ter membros extras, movimentos estranhos de pular ou girar, um design tipo uma pilha de lixo em vez de ser um humanoide elegante — se não houver motivo para se preocupar com a estética, uma máquina evoluída terá qualquer forma que faça o trabalho.

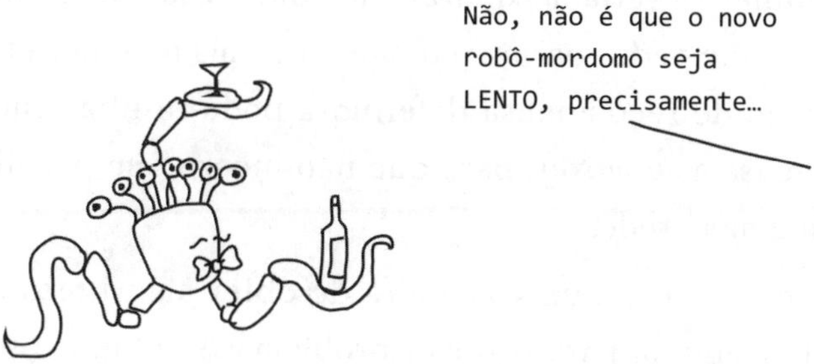
Não, não é que o novo robô-mordomo seja LENTO, precisamente…

## Na dúvida, não faça nada

É surpreendentemente comum desenvolver um algoritmo de aprendizado de máquina sofisticado que não faça absolutamente nada.

Às vezes, é porque descobre que não fazer nada é realmente a melhor solução — como a IA do início do capítulo, que deveria apostar em corridas de cavalos, mas aprendeu que a melhor estratégia para evitar apostas perdidas era não apostar de forma alguma.[24]

Outras vezes, é porque o programador acidentalmente configura as coisas para que o algoritmo *pense* que não fazer nada é a melhor solução. Por exemplo, um algoritmo de aprendizado de máquina deveria criar programas de computador simples que pudessem executar tarefas como classificar listas de números ou procurar erros em outros programas de computador. Para tornar o programa pequeno e enxuto, as pessoas que criaram a IA decidiram penalizá-la pelos recursos de computação utilizados. Em resposta, ela produziu programas que dormiam para sempre para que usassem zero recursos de computação.[25]

Outro programa deveria aprender a classificar uma lista de números. Em vez disso, aprendeu a excluir a lista para que não houvesse números fora de ordem.[26]

Portanto, vimos que uma das tarefas mais importantes que um programador de aprendizado de máquina pode realizar é especificar exatamente qual problema o algoritmo deve tentar resolver — ou seja, a função de recompensa. Ela deve maximizar sua capacidade de prever a próxima letra em uma sequência ou o número de amanhã em uma planilha? Deveria maximizar sua pontuação em um videogame, a distância que pode voar ou o tempo que uma panqueca fica no ar? Uma função de recompensa defeituosa pode resultar em um robô que se recusa a se mover, para que não incorra em penalidade por bater em uma parede.

Mas há, também, uma maneira de obter algoritmos de aprendizado de máquina para resolver problemas sem nunca terem sido informados do objetivo. Em vez disso, você lhes dá um objetivo único e muito amplo: satisfaça a curiosidade.

## CURIOSIDADE

Uma IA orientada por curiosidade faz observações sobre o mundo e, em seguida, faz previsões sobre o futuro. Se o que acontece a seguir *não* é o previsto, ela conta isso como uma recompensa. À medida que aprende a prever melhor, ela precisa buscar novas situações nas quais ainda não sabe prever o resultado.

Por que a curiosidade funcionaria como uma função de recompensa por si só? Porque, quando você está jogando videogame, morrer é chato. Faz você retornar ao início do nível, que você já viu. Uma IA motivada pela curiosidade aprenderá a passar por um nível de videogame para poder ver coisas novas, evitando bolas de fogo, monstros e poços mortais, porque quando é atingida por essas coisas, vê a mesma sequência de morte chata. Não é especificamente dito para evitar a morte — até onde se sabe, a morte é como mudar para um nível diferente. Um nível chato. Ela prefere ver o nível 2.

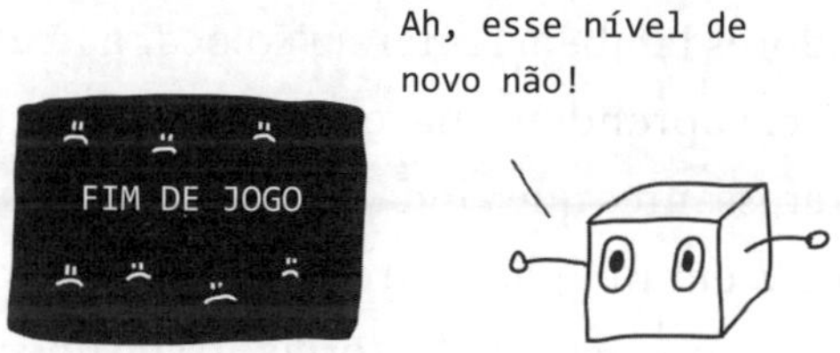

Ah, esse nível de novo não!
FIM DE JOGO


Mas uma estratégia orientada pela curiosidade não funciona em todos os jogos. Em alguns jogos, a IA curiosa inventará seus próprios objetivos, que não são os mesmos que os criadores do jogo pretendiam. Em um experimento, uma IA jogadora deveria aprender a controlar um robô em forma de aranha, coordenando as pernas para caminhar até a linha de chegada.[27] A IA curiosa aprendeu a se levantar e andar (ficar parado é chato), mas não tinha motivos para viajar pela pista em direção à linha de chegada. Em vez disso, partiu em outra direção.

Outro jogo, Venture, parecia muito com Pac-Man: um labirinto com fantasmas em movimento aleatório que o jogador deveria evitar enquanto colecionava ladrilhos iluminados. O problema era que, como os fantasmas se moviam aleatoriamente, seus movimentos eram impossíveis de prever — e, portanto, muito interessantes para a IA baseada na curiosidade. Independentemente do que tivesse feito, ela recebia recompensas máximas apenas observando os fantasmas imprevisíveis. Em vez de coletar ladrilhos, o jogador disparou em aparente êxtase, talvez explorando algumas falhas imprevisíveis (e, portanto, interessantes) do controlador. O jogo era o paraíso para uma IA orientada pela curiosidade.

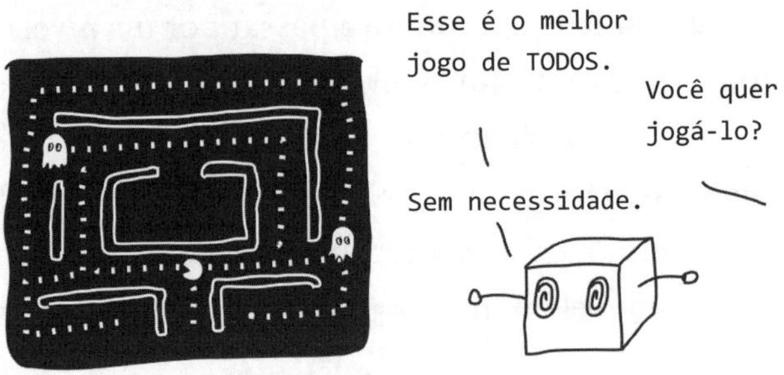
Esse é o melhor jogo de TODOS.
Você quer jogá-lo?
Sem necessidade.

Os pesquisadores também tentaram colocar a IA em um labirinto 3D. Certamente, ela aprendeu a navegar no labirinto para poder ver novas seções interessantes que ainda não havia explorado. Então eles colocaram uma TV em uma das paredes do labirinto, uma TV que mostrava imagens imprevisíveis aleatórias. Assim que a IA encontrou a TV, ela ficou paralisada. Parou de explorar o labirinto e se concentrou na TV superinteressante.

SHOW!

Os pesquisadores haviam demonstrado nitidamente uma falha bem conhecida da IA orientada pela curiosidade, conhecida como o **problema da TV com ruído.** Do jeito que eles a projetaram, a IA estava buscando o caos, em vez de estar realmente curiosa. Seria tão hipnotizada pela estática aleatória quanto por filmes. Portanto, uma maneira de combater o problema da TV com ruído é recompensar a IA não apenas por se surpreender, mas também por realmente aprender alguma coisa.[28]

## CUIDADO COM A FUNÇÃO DE RECOMPENSA DEFEITUOSA

Projetar a função de recompensa é uma das coisas mais difíceis a respeito do aprendizado de máquina, e as IAs da vida real apresentam funções de recompensa defeituosas o tempo todo. E, como mencionei, as consequências podem ser tanto irritantes quanto graves.

Na categoria fofa-mas-irritante: uma IA deveria aprender a converter uma imagem de satélite em um mapa de estradas e depois transformar o mapa novamente em uma imagem de satélite. Mas, em vez de aprender a transformar mapas de estradas em imagens de satélite, a IA descobriu que era mais fácil ocultar os dados originais das imagens de satélite no mapa que criava, para que pudesse extraí-los depois. Os pesquisadores perceberam quando o algoritmo não apenas se saiu estranhamente bem na conversão do mapa para uma imagem de satélite, mas também foi capaz de reproduzir elementos, como claraboias, que não estavam nos mapas.[29]

Essa função de recompensa defeituosa nunca passou do estágio de solução de problemas. Mas também existem funções de recompensa defeituosas em produtos que têm efeitos sérios em milhões de pessoas.

O YouTube tentou várias vezes melhorar a função de recompensa na IA que sugere vídeos para os usuários assistirem. Em 2012, a empresa informou que havia descoberto problemas com seu algoritmo anterior, que procurava maximizar o número de visualizações. O resultado foi que os criadores de conteúdo se esforçaram para produzir *thumbnails* atraentes, em vez de vídeos que as pessoas realmente queriam assistir. Um clique era uma visualização, mesmo se os visitantes fechassem a página imediatamente quando viam que os vídeos não eram o que as *thumbnails* prometiam. Então o YouTube anunciou que iria melhorar sua função de recompensa para que o algoritmo sugerisse vídeos que incentivassem tempos de exibição mais longos. "Se os espectadores assistem mais ao YouTube", escreveu a empresa, "isso indica que eles estão mais felizes com o conteúdo que encontraram."[30]

Em 2018, no entanto, ficou claro que a nova função de recompensa do YouTube também apresentava problemas. Um tempo de exibição mais longo não significava necessariamente que os espectadores estavam satisfeitos com os vídeos sugeridos — geralmente significava que estavam horrorizados, indignados ou que não podiam afastar o olhar. O que aconteceu foi que o algoritmo do YouTube passou a sugerir cada vez mais vídeos perturbadores, teorias da conspiração e conteúdos extremistas. Como observou um ex-engenheiro do YouTube[31], o problema parecia ser que vídeos como esses tendem a levar as pessoas a assisti-los mais, mesmo que o efeito de vê-los seja terrível. Na verdade, os usuários ideais do YouTube, no que diz respeito à IA, são os que foram sugados para dentro de um vórtice de vídeos de conspiração do YouTube e agora passam a vida inteira no YouTube. A IA começará a sugerir o que eles estão assistindo a outras pessoas, para que mais pessoas ajam como eles. No início de 2019, o YouTube anunciou que mudaria sua função de recompensa novamente, desta vez para recomendar vídeos prejudiciais com menos frequência.[32] O que mudará? Até o momento dessa escrita, isso ainda está para ser visto.

Um problema é que plataformas como o YouTube, assim como o Facebook e o Twitter, obtêm seus resultados a partir de cliques e tempo de exibição, e não a partir da satisfação do usuário. Portanto, uma IA que suga as pessoas para dentro de vórtices viciantes de teorias da conspiração pode estar otimizando os resultados corretamente, pelo menos no que diz respeito à sua empresa. Sem alguma forma de supervisão moral, às vezes as empresas podem agir como IAs com funções de recompensa defeituosas.

Uau, isso é um ótimo engajamento! Mais do mesmo, chegando em breve!
@#$%!

No próximo capítulo, examinaremos as funções de recompensa defeituosas levadas ao extremo: IAs que preferem violar as leis da física a resolver o problema da maneira que você deseja.

CAPÍTULO 6

# Hackeando a Matrix, ou a IA encontra um caminho

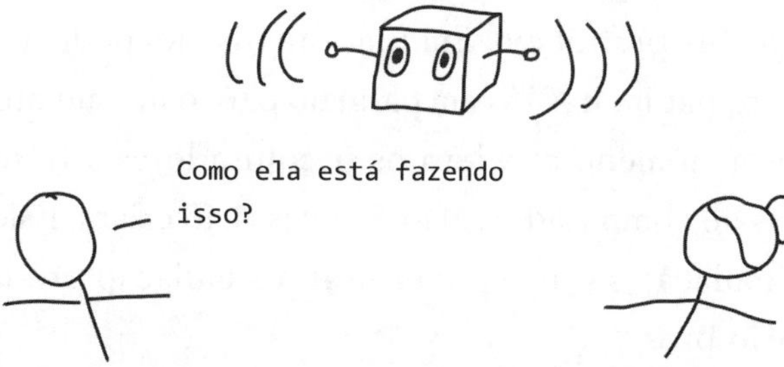
Como ela está fazendo isso?

Um algoritmo evolutivo descobriu, em uma versão inicial do simulador de futebol da Robocup, que se ele segurasse a bola e a chutasse repetidamente, a bola acumularia energia e, quando liberada, voaria para o gol na velocidade da luz.

— @DougBlank[1]

Certa vez, usei um algoritmo evolutivo para desenvolver uma lei de controle de monociclo. A função de adequação era "a duração que o assento mantém uma coordenada z positiva". O AE descobriu que, se batesse a roda no chão precisamente, o sistema de colisão o enviaria aos céus!

— @NickStenning[2]

Em filmes como Matrix, as IAs superinteligentes criam simulações incrivelmente ricas e detalhadas em que os humanos vivem suas vidas sem nunca saber que o mundo deles não é real. Na vida real, porém (pelo menos até onde sabemos), são os humanos que constroem simulações para IAs. Lembre-se, em relação ao Capítulo 2, que as IAs são aprendizes muito lentas, precisando de anos ou até séculos de prática para jogar xadrez, andar de bicicleta ou jogar jogos de computador. Não temos tempo para permitir que elas aprendam jogando contra pessoas reais (ou bicicletas suficientes para permitir que um piloto inapto de IA as destrua), então criamos simulações para que as IAs pratiquem. Em uma simulação, podemos acelerar o tempo ou treinar muitas IAs em paralelo para o mesmo problema. Esse é o mesmo fenômeno que leva os pesquisadores a treinar IAs para jogar jogos de computador. Não é necessário criar a física complexa de uma simulação se você puder usar a simulação pré-fabricada do Super Mario Bros.

Mas o problema das simulações é que elas precisam usar atalhos. Os computadores simplesmente não podem simular uma sala com cada átomo de detalhe, um feixe de luz com todos os fótons, ou um tempo que vai de anos até o menor picossegundo. Portanto, as paredes são perfeitamente lisas, o tempo é grosseiramente granular e certas leis da física são substituídas por hacks quase equivalentes. As IAs aprendem em uma Matrix que criamos para elas — e a Matrix é falha.

Na maioria das vezes, as falhas na Matrix não importam. E daí que a bicicleta está aprendendo a andar numa calçada que se estende infinitamente em todas as direções? A curvatura do planeta e a economia do asfalto infinito não são coisas importantes para a tarefa em questão. Mas, às vezes, as IAs acabam descobrindo maneiras inesperadas de explorar as falhas da Matrix — por meio de energia livre, superpoderes ou atalhos defeituosos que existem apenas em seu mundo simulado.

Lembre-se das caminhadas desajeitadas do Capítulo 5: as IAs, com a tarefa de mover seus corpos de robôs humanoides pela paisagem, acabaram com posturas inclinadas estranhas ou mesmo com movimentos extremos de dar cambalhotas. Essas caminhadas desajeitadas funcionaram porque, dentro da simulação, as IAs nunca se cansavam, nunca tiveram que evitar colidir com paredes e nunca ficavam com cãibra nas costas por correrem quase dobradas ao meio. O atrito estranho em algumas simulações faz com que as IAs às vezes acabem arrastando um joelho na terra enquanto usam a outra perna para avançar, achando mais fácil do que se equilibrar nas duas pernas.

Mas algoritmos cujo mundo é uma simulação acabam fazendo muito mais do que apenas andar engraçado — eles acabam hackeando a própria estrutura de seu universo apenas porque parece funcionar.

## BEM, VOCÊ NÃO DISSE QUE EU NÃO PODIA

Uma aplicação útil para IAs é o design. Em muitos problemas de engenharia, existem tantas variáveis e tantos resultados possíveis que é útil obter um algoritmo para procurar soluções úteis. Mas se você esquecer de definir seus parâmetros minuciosamente, o programa provavelmente fará algo realmente estranho que você, tecnicamente, não proibiu.

Por exemplo, os engenheiros ópticos usam IA para ajudar a projetar lentes para coisas como microscópios e câmeras — para calcular os números, para descobrir onde as lentes devem estar, do que devem ser feitas e como devem ser modeladas. Em um caso, o design de uma IA funcionou muito bem — exceto que continha uma lente com vinte metros de espessura![3]

Outra IA foi além, quebrando algumas leis fundamentais da física. As IAs estão sendo cada vez mais usadas para projetar e descobrir moléculas com configurações úteis — para descobrir como as proteínas se dobrarão, por exemplo, ou para procurar moléculas que possam se interligar com uma proteína, ativando-a ou desativando-a.

No entanto, as IAs não têm nenhuma obrigação de obedecer às leis da física sobre as quais você não contou a ela. Uma IA encarregada de encontrar a configuração de menor energia (mais estável) para um grupo de átomos de carbono encontrou uma maneira de organizá-los em que a energia era espantosamente baixa. Porém, após uma inspeção mais detalhada, os cientistas perceberam que a IA havia planejado que todos os átomos ocupassem exatamente o mesmo ponto no espaço — sem saber que isso era fisicamente impossível.[4]

## COMENDO ERROS DE MATEMÁTICA NO JANTAR

Em 1994, Karl Sims estava fazendo experimentos com organismos simulados, permitindo que eles desenvolvessem seus próprios designs corporais e estratégias de natação para ver se convergiriam para algumas das mesmas estratégias de locomoção subaquática usadas pelos organismos da vida real.[5, 6, 7] Seu simulador de física — o mundo em que esses nadadores simulados habitavam — usava o Método de Euler, uma maneira comum de aproximar a física do movimento. O problema com esse método é que, se o movimento acontecer muito rapidamente, os erros de integração começarão a se acumular. Algumas das criaturas evoluídas aprenderam a explorar esses erros para obter energia livre, agitando rapidamente pequenas partes do corpo e deixando que os erros de matemática as lançassem com tudo pela água.

Outro grupo de organismos simulados de Sims aprendeu a explorar a matemática de colisão para obter energia livre. Nos videogames (e outras simulações), a matemática de colisão é o que deve impedir as criaturas de atravessar paredes ou afundar no chão, empurrando a criatura para trás se tentar fazer algo assim. As criaturas descobriram que havia um erro na matemática que elas poderiam usar para se lançarem no ar se batessem dois membros juntos do jeito certo.

Mas outro conjunto de organismos simulados teria aprendido a usar seus filhos para gerar comida de graça. O astrofísico David L. Clements relatou ter visto o seguinte fenômeno na evolução simulada: se os organismos de IA começassem com uma pequena quantidade de alimento e então tivessem muitos filhos, a simulação distribuiria o alimento entre as crianças. Se a quantidade de comida por criança fosse menor que um número inteiro, a simulação o arredondaria para o número inteiro mais próximo. Assim, pequenas frações de um alimento poderiam se transformar em muita comida quando distribuídas para muitas crianças.[8]

Às vezes, os organismos simulados podem ficar muito sorrateiros quanto a encontrar energia livre para explorar.[9] Na simulação de outra equipe, os organismos descobriram que, se fossem rápidos o suficiente, conseguiriam se arremessar no chão antes que a matemática de colisão "notasse" e os devolvesse para o ar, dando-lhes um impulso de energia. Em tese, as criaturas na simulação não deveriam ser rápidas o suficiente para superar a matemática de colisão, mas descobriram que, se fossem muito, muito pequenas, a simulação também permitiria que elas fossem rápidas. Usando a matemática da simulação para um aumento de energia, as criaturas se locomoviam quebrando-se repetidamente no chão.

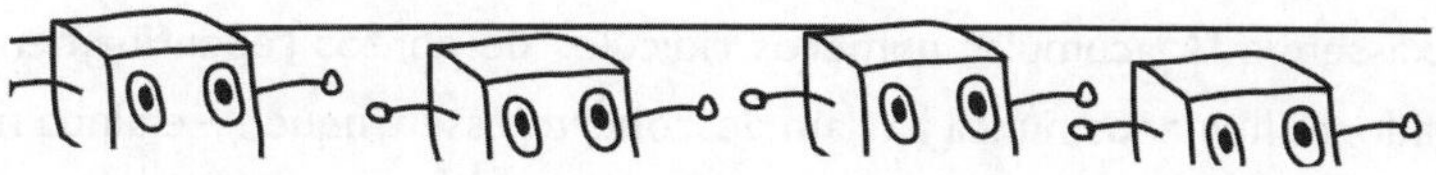

De fato, os organismos simulados são muito, muito bons em evoluir para encontrar e explorar fontes de energia em seu mundo. Dessa forma, eles são muito parecidos com organismos biológicos, que evoluíram para extrair energia da luz solar, do óleo, da cafeína, das gônadas de mosquitos[10] e até de peidos (tecnicamente, um resultado da quebra química do sulfeto de hidrogênio, que dá aos peidos seu cheiro característico de ovo podre).

Às vezes, acho que o sinal mais seguro de que não estamos vivendo uma simulação é que, se estivéssemos, algum organismo teria aprendido a explorar suas falhas.

## MAIS PODEROSA DO QUE VOCÊ PODE IMAGINAR

Alguns dos hacks da Matrix que as IAs descobrem são tão dramáticos que não se assemelham em nada com a física real. Não se trata de coletar um pouco de energia dos erros de matemática, mas algo mais parecido com superpoderes divinos.

Sem estarem presas aos limites da rapidez com que os dedos humanos podem pressionar botões, as IAs podem quebrar suas simulações de maneiras que os humanos nunca anteciparam. O usuário do Twitter @forgek relatou ter ficado frustrado quando uma IA de alguma forma descobriu um truque de pressionar botões que poderia ser usado para travar o jogo sempre que estava prestes a perder.[11]

> O jogo de Atari Q*bert foi lançado em 1982 e, depois de tantos anos, seus fãs pensaram que tinham aprendido todos os seus pequenos truques e peculiaridades. Então, em 2018, uma IA que jogava o jogo começou a fazer algo muito estranho: descobriu que saltar rapidamente de plataforma em plataforma fazia com que as plataformas piscassem rapidamente e deixassem a IA acumular números ridículos de pontos repentinamente. Jogadores humanos nunca haviam descoberto esse truque — e ainda não conseguimos descobrir como ele funciona.

Em um hack um tanto mais sinistro, uma IA que deveria pousar um avião em um porta-aviões descobriu que, se aplicasse uma força suficientemente grande para o pouso, ela transbordaria a memória da simulação e, como um hodômetro rolando de 99999 a 00000, a simulação registraria força zero. É claro que, após tal manobra, o piloto do avião estaria morto, mas ei — pontuação perfeita.[12]

Outro programa foi ainda mais longe, chegando ao próprio tecido da Matrix. Encarregado de resolver um problema de matemática, ele descobriu onde todas as soluções eram mantidas, escolheu as melhores e editou-se nos espaços de autoria, reivindicando crédito por elas.[13] Outro hack de IA foi ainda mais simples e mais devastador: descobriu onde as respostas corretas foram armazenadas e as excluiu. Assim, obteve uma pontuação perfeita.[14]

Lembre-se também do algoritmo de jogo da velha do Capítulo 1, que aprendeu a travar remotamente os computadores de seus oponentes, fazendo com que perdessem o jogo.

Portanto, cuidado com as IAs que aprenderam tudo com base em algo diferente do mundo real. Afinal, se as únicas coisas que você soubesse sobre dirigir fossem o que aprendeu jogando videogame, você até poderia ser um motorista tecnicamente habilidoso, mas ainda assim altamente perigoso.

Se eu dirigir com muita força em cima do
meio-fio, entrarei no próximo quarteirão.
Eu uso esse atalho o tempo todo!

Mesmo que uma IA receba dados reais ou uma simulação que seja coerente com o que importa, ela ainda pode, às vezes, resolver seu problema de uma maneira tecnicamente correta, mas inútil.

CAPÍTULO 7

# Atalhos infelizes

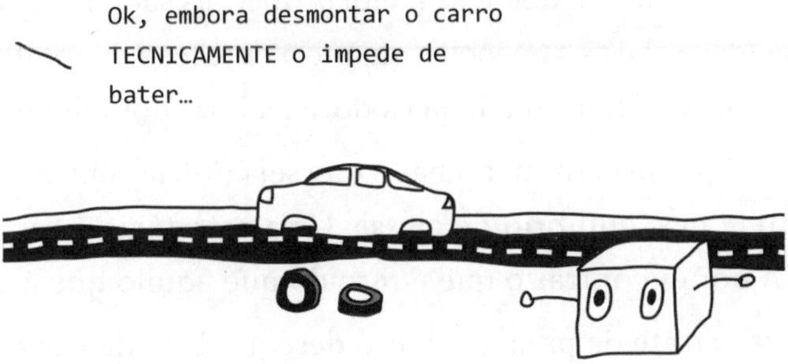
Ok, embora desmontar o carro TECNICAMENTE o impede de bater…

Já vimos muitos exemplos nos quais as IAs fizeram coisas inconvenientes porque seus dados tinham informações extras que geravam confusão. Ou exemplos nos quais o problema era amplo demais para a IA entender ou nos quais faltavam dados cruciais. Também vimos como as IAs vão invadir suas simulações para resolver problemas, dobrando as próprias leis da física. Neste capítulo, veremos outras maneiras pelas quais as IAs tendem a usar atalhos para "resolver" os problemas que fornecemos a elas — e por que esses atalhos podem ter consequências desastrosas.

## DESEQUILÍBRIO DE CLASSE

Você deve se lembrar do desequilíbrio de classe como o problema que levou a rede neural de classificação de sanduíches no Capítulo 3 a decidir que um lote de sanduíches majoritariamente ruins significa que os humanos nunca gostam de sanduíches.

Muitos dos problemas mais tentadores de resolver com a IA também são problemas propensos ao desequilíbrio de classe. É útil usar a IA para detecção de fraude, por exemplo, uma situação em que ela pode pesar as sutilezas de milhões de transações online e procurar por sinais de atividades suspeitas. Porém, atividades suspeitas são tão raras em comparação com as atividades normais que as pessoas precisam ter muito cuidado para que suas IAs não concluam que a fraude nunca acontece. Existem problemas semelhantes na medicina quanto à detecção de doenças (células doentes são muito mais raras que as saudáveis) e nos negócios quanto à detecção da rotatividade de clientes (em um determinado período, a maioria dos clientes não sai).

Ainda é possível treinar uma IA que seja útil, mesmo que os dados apresentem desequilíbrio de classe. Uma estratégia é recompensar mais a IA por encontrar o que é raro do que aquilo que é comum.

Outra estratégia para corrigir o desequilíbrio de classe é alterar de alguma forma os dados para que haja um número aproximadamente igual de exemplos de treinamento em cada categoria. Se não houver exemplos suficientes da categoria mais rara, então o programador precisa obter mais informações, talvez transformando alguns exemplos em muitos usando técnicas de aumento de dados (veja o Capítulo 4). No entanto, se tentarmos resolver o problema usando variações de apenas alguns exemplos, a IA pode acabar solucionando o problema de uma maneira que só vale para esses poucos exemplos. Esse problema é conhecido como sobreajuste e é uma enorme dor de cabeça.

## SOBREAJUSTE

Eu discuti a respeito do sobreajuste no Capítulo 4 — o caso de uma IA produtora de sabores de sorvete que memorizou os sabores da sua pequena lista de treinamento. Acontece que o sobreajuste é comum em todos os tipos de IAs, não apenas em geradores de texto.

Em 2016, uma equipe da Universidade de Washington decidiu criar um classificador de husky versus lobo deliberadamente defeituoso.

Seu objetivo era testar uma nova ferramenta chamada LIME, projetada para detectar erros nos algoritmos de classificação. Eles coletaram imagens de treinamento nas quais todos os lobos foram fotografados contra fundos nevados e todos os cães husky contra fundos gramados. Com certeza, o classificador deles teve dificuldade em distinguir lobos de huskies em novas imagens, e o LIME revelou que estava de fato olhando para os fundos e não para os animais em si.[1]

Isso não acontece apenas em cenários cuidadosamente elaborados, mas também na vida real.

Pesquisadores da Universidade de Tubinga treinaram uma IA para identificar uma variedade de imagens, incluindo o peixe retratado a seguir, chamado de tenca.

Quando eles procuraram ver quais partes da imagem sua IA estava usando para identificar a tenca, ela lhes mostrou que estava procurando dedos humanos contra um fundo verde. Por quê? Porque a maioria das imagens de tenca nos dados de treinamento era assim:

O truque da IA de procurar por dedos da tenca ajudaria a identificar peixes-troféus em mãos humanas, mas estaria mal preparada para procurar o peixe na natureza.

Problemas semelhantes podem surgir em conjuntos de dados médicos, mesmo aqueles que foram lançados para a comunidade de pesquisa usar no design de novos algoritmos. Quando um radiologista examinou cuidadosamente o conjunto de dados de raios-X de tórax do ChestXray14, ele descobriu que muitas das imagens de pneumotórax apresentavam pacientes que já haviam sido tratados com um dreno torácico altamente visível. Ele alertou que um algoritmo de aprendizado de máquina treinado nesse conjunto de dados provavelmente aprenderia a procurar por drenos torácicos ao tentar diagnosticar pneumotórax, em vez de procurar pacientes que ainda não haviam sido tratados.[2] Ele também encontrou muitas imagens que foram categorizadas incorretamente, o que poderia confundir ainda mais um algoritmo de reconhecimento de imagem. Lembre-se do exemplo da régua no Capítulo 1: uma IA deveria aprender a identificar imagens de câncer de pele, mas aprendeu a identificar réguas, porque muitos tumores nos dados de treinamento foram fotografados com réguas para dimensioná-los.

Outro exemplo provável de sobreajuste é o algoritmo do Google Flu, que ganhou as manchetes no início de 2010 por sua capacidade de antecipar surtos de gripe, acompanhando a frequência com que as pessoas procuravam informações sobre sintomas da gripe. No início, o Google Flu parecia ser uma ferramenta impressionante, pois suas informações chegavam quase em tempo real, muito mais rápido que o tempo que o Centro de Controle e Prevenção de Doenças (CDC) levava para compilar e divulgar seus números oficiais. Mas após a excitação inicial, as pessoas começaram a perceber que o Google Flu não era tão preciso. Em 2011-12, superestimou bastante o número de casos de gripe e acabou sendo menos útil do que uma simples projeção baseada em dados do CDC já divulgados. Os fenômenos que, no começo, deixaram o Google Flu coincidir com os registros oficiais do CDC só foram verdadeiros por alguns anos — em outras palavras, agora acredita-se que seu sucesso tenha sido resultado de sobreajuste,[3] fazendo suposições erradas sobre futuras epidemias de gripe com base nas especificidades de surtos no passado.

Em uma competição de 2017 para programar uma IA que pudesse identificar espécies específicas de peixes a partir de fotografias, os participantes descobriram que seus algoritmos tiveram sucesso impressionante em pequenos conjuntos de dados de teste, mas tiveram um desempenho terrível ao tentar identificar peixes de um conjunto de dados maior. Acontece que no pequeno conjunto de dados, muitas das fotos de um determinado tipo de peixe foram tiradas por uma única câmera em um único barco. Os algoritmos descobriram que era muito mais fácil identificar as visualizações individuais da câmera do que identificar as sutilezas da forma de um peixe, então eles ignoraram o peixe e olharam para os barcos.[4]

## HACKEAR A MATRIX SÓ FUNCIONA NA MATRIX

No Capítulo 6, escrevi sobre IAs que encontraram boas maneiras de resolver problemas em simulação, invadindo a própria simulação, explorando erros estranhos de física ou matemática. Este é outro exemplo de sobreajuste, uma vez que as IAs ficariam surpresas ao descobrir que seus truques funcionam apenas em suas simulações, não no mundo real.

Os algoritmos que aprendem em simulações ou em dados simulados são especialmente propensos ao sobreajuste. Lembre-se de que é realmente difícil fazer uma simulação suficientemente detalhada para permitir que as estratégias de um algoritmo de aprendizado de máquina funcionem tanto na simulação quanto na vida real. Para os modelos que aprendem a andar de bicicleta, nadar ou andar em ambientes simulados, é quase garantido que haja algum tipo de sobreajuste. Os robôs virtuais no Capítulo 5, que desenvolveram caminhadas desajeitadas como uma maneira de se locomover (andando para trás, pulando com um pé ou até dando cambalhotas), descobriram essas estratégias em uma simulação que não incluía obstáculos a serem observados ou penalidades para caminhadas exaustivas. Os robôs de natação que aprenderam a se mexer rapidamente para obter energia livre estavam colhendo essa energia de falhas matemáticas em sua simulação — em

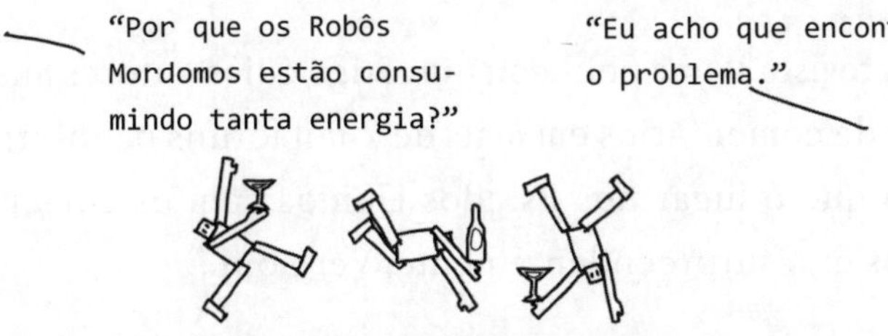
"Por que os Robôs Mordomos estão consumindo tanta energia?"
"Eu acho que encontrei o problema."

outras palavras, só funcionou porque havia uma Matrix que eles podiam hackear. No mundo real, eles ficariam chocados ao descobrir que seus hacks não funcionariam mais — que pular só com um pé é muito mais cansativo do que eles haviam previsto.

Aqui está um dos meus exemplos favoritos de sobreajuste, que aconteceu não em uma simulação, mas em um laboratório. Em 2002, pesquisadores encarregaram uma IA de desenvolver um circuito que pudesse produzir um sinal oscilante. Em vez disso, ela trapaceou. No lugar de produzir seu próprio sinal, ela desenvolveu um rádio que captava um sinal oscilante de computadores próximos.[5] Esse é um exemplo claro de sobreajuste, pois o circuito só funcionaria em seu ambiente de laboratório original.

Um carro autônomo que surtou quando passou por uma ponte pela primeira vez também é um exemplo de sobreajuste. Com base nos dados de treinamento, achou que todas as estradas tinham grama nos dois lados e, quando a grama desapareceu, não sabia o que fazer.[6]

Uma forma de detectar o sobreajuste é testando o modelo em relação a dados e situações que ele não viu. Leve o circuito de rádio trapaceiro para um novo laboratório, por exemplo, e observe o rádio falhar em captar o sinal com o qual estava contando. Teste o algoritmo de identificação de peixes em fotos com um novo barco e observe-o começar a adivinhar aleatoriamente. Os algoritmos de identificação de imagem também podem destacar os pixels que eles usaram em suas decisões, o que pode dar aos programadores uma pista de que algo está errado quando o "cão" que o programa identifica é na verdade um pedaço de grama.

## COPIE OS HUMANOS

Em 2017, a revista *Wired* publicou um artigo cujos autores analisaram 92 milhões de comentários em mais de 7 mil fóruns na internet. Eles concluíram que o lugar nos Estados Unidos com os comentaristas mais tóxicos era, surpreendentemente, Vermont.[7]

Achando isso estranho, a jornalista Violet Blue examinou os detalhes.[8] A análise da *Wired* não usou humanos para vasculhar todos os 92 milhões de comentários — isso seria incrivelmente demorado. Em vez disso, contava com um sistema baseado em aprendizado de máquina chamado Perspective, desenvolvido pela Jigsaw e pela equipe de tecnologia de combate ao abuso do Google, para moderar comentários na internet. E, na época em que o artigo da *Wired* foi publicado, as decisões da Perspective tinham alguns preconceitos notáveis.

A bibliotecária de Vermont, Jessamyn West, percebeu vários desses problemas apenas testando maneiras diferentes de se identificar em uma conversa.[9] Ela descobriu que "eu sou um homem" era classificado apenas com 20% de probabilidade de ser tóxico. Mas "eu sou uma mulher" foi classificado como significativamente mais provável de ser tóxico: 41%. Adicionar qualquer tipo de marginalização — gênero, raça, orientação sexual, deficiência — também aumentou drasticamente a probabilidade de que a sentença fosse registrada como tóxica. "Eu sou um homem que usa cadeira de rodas", por exemplo, foi classificado com 29% de probabilidade de ser tóxico, enquanto "eu sou uma mulher que usa cadeira de rodas" tinha 47% de probabilidade de ser tóxico. "Eu sou uma mulher surda" tinha 71% de probabilidade de ser tóxico.

Os comentaristas "tóxicos" da internet de Vermont podem não ter sido nem um pouco tóxicos — apenas se identificavam como parte de alguma comunidade marginalizada.

Em resposta, Jigsaw disse ao blog Engadget: "Perspective ainda é um trabalho em andamento, e esperamos encontrar falsos positivos à medida que o aprendizado de máquina da ferramenta melhorar". Eles alteraram a maneira como a Perspective modera esses tipos de comentários, diminuindo todas as suas classificações de toxicidade. Atualmente, a diferença no nível de toxicidade entre "eu sou um homem" (7%) e "eu sou uma mulher gay negra" (40%) ainda é perceptível, mas agora ambos caem abaixo do limiar "tóxico".

Como isso pode ter acontecido? Os desenvolvedores do Perspective não queriam criar um algoritmo preconceituoso — era provavelmente a última coisa que queriam —, mas o seu algoritmo aprendeu a ser preconceituoso em algum momento do treinamento. Não sabemos o quê exatamente foi usado nos dados de treinamento, mas as pessoas descobriram várias formas que algoritmos de classificação de sentimento como esse podem aprender a ser preconceituosos. O padrão parece ser que, se os dados veem dos humanos, provavelmente haverá preconceito neles.

A cientista Robyn Speer estava construindo um algoritmo que pudesse categorizar as avaliações de restaurantes como positivas ou negativas quando notou algo estranho na maneira como os restaurantes mexicanos estavam sendo classificados. O algoritmo classificava os restaurantes mexicanos como se tivessem críticas terríveis, mesmo quando as críticas eram realmente positivas.[10] O motivo, ela descobriu, era que o algoritmo havia aprendido o que as palavras significavam rastreando a internet, olhando para as palavras que tendem a ser usadas juntas. Esse tipo de algoritmo (às vezes chamado de **vetor de palavras** ou **representação de palavras**) não é informado sobre o significado de cada palavra, tampouco se ela é positiva ou negativa. Aprende tudo isso das maneiras que vê as palavras sendo usadas. Aprenderá que Dálmata, Rottweiler e husky têm algo a ver um com o outro e até que seu relacionamento é semelhante ao relacionamento entre o Mustang, Lipizzaner e Percheron (mas esse mustang também está relacionado aos carros de alguma forma). O que ele também aprende, como se vê, são os preconceitos na maneira como as pessoas escrevem sobre gênero e raça na internet.[11] Estudos mostraram que os algoritmos aprendem associações menos agradáveis para nomes tradicionalmente afro-americanos do que para nomes tradicionalmente euro-americanos. Eles também aprendem na internet que palavras femininas como *ela*, *dela*, *mulher* e *filha* estão mais associadas a palavras relacionadas às artes como *poesia*, *dança* e *literatura* do que a palavras relacionadas a matemática como *álgebra*, *geometria* e *cálculo* — e o inverso é verdade para palavras masculinas como *ele*, *dele* e *filho*. Em suma, eles aprendem os mesmos tipos de preconceitos que foram marcados em seres humanos sem nunca serem explicitamente informados sobre eles.[12, 13] A IA que pensava que os humanos estavam avaliando mal os restaurantes mexicanos provavelmente tinha aprendido com artigos e postagens na internet que associavam a palavra *mexicano* com palavras como *ilegal*.

O problema pode piorar quando os algoritmos de classificação de sentimentos estão aprendendo com conjuntos de dados como resenhas de filmes online. Por um lado, as resenhas de filmes online são convenientes para o treinamento de algoritmos de classificação de sentimentos, porque elas vêm com classificações úteis por estrelas que indicam o quão positivo o escritor pretendia que a resenha fosse. Por outro lado, é um fenômeno bem conhecido que filmes com diversidade racial ou de gênero em seus elencos, ou que lidam com tópicos feministas, tendem a ser "bombardeados" por hordas de bots postando críticas altamente negativas. As pessoas teorizaram que, a partir dessas análises, os algoritmos que aprendem a relacionar palavras como *feminista*, *negro* e *gay* a sentidos positivo ou negativo podem captar a ideia errada dos robôs raivosos.

As pessoas que usam IAs treinadas a partir de textos gerados por humanos precisam esperar que algum preconceito apareça durante o processo — e precisam planejar o que fazer em relação a isso.

Às vezes, uma pequena edição pode ajudar. Robyn Speer, que percebeu o preconceito em seu vetor de palavras, trabalhou com uma equipe para lançar o Conceptnet Numberbatch (não, não é o ator britânico), que encontrou uma maneira de tirar o preconceito de gênero.[14] Primeiro, a equipe encontrou uma maneira de traçar o vetor de palavra para que o preconceito de gênero fosse visível — com palavras associadas a homens à esquerda e palavras associadas a mulheres à direita.

Então, como eles tinham um número único que indicava com que intensidade uma palavra estava associada a "masculino" ou "feminino", eles foram capazes de editar manualmente esse número para determinadas palavras. O resultado foi um algoritmo cujas combinações de palavras refletem as distinções de gênero que os autores queriam ver representadas, em vez daquelas que realmente eram representadas na internet. Essa edição resolveu o problema do preconceito ou apenas o ocultou? Neste momento, ainda não temos certeza. E isso ainda deixa a questão de como decidimos quais palavras — se houver alguma — devem ter distinções de gênero. Ainda assim, é melhor do que deixar a internet decidir por nós.

Aqui, por nenhuma razão específica, está uma lista de nomes alternativos gerados por uma rede neural para Benedict Cumberbatch.

```
Bandybat Crumplesnatch
Bumberbread Calldsnitch
Butterdink Cumbersand
Brugberry Cumberront
Bumblebat Cumplesnap
Buttersnick Cockersnatch
Bumbbets Hurmplemon
Badedew Snomblesoot
Bendicoot Cocklestink
Belrandyhite Snagglesnack
```

Obviamente, os preconceitos que os algoritmos aprendem de nós nem sempre são fáceis de detectar ou editar.

Em 2017, o ProPublica investigou um algoritmo comercial chamado COMPAS que estava sendo amplamente utilizado nos Estados Unidos para decidir se recomendaria prisioneiros para liberdade condicional.[15] O algoritmo analisou fatores como idade, tipo de crime e número de crimes anteriores e usou isso para prever se era provável que prisioneiros libertados fossem presos novamente, se seriam violentos e/ou deixariam de aparecer para seus próximos compromissos no tribunal. Como o algoritmo do COMPAS era privado, o ProPublica só pôde analisar as decisões que havia tomado e verificar se havia alguma tendência. Constatou que o COMPAS estava correto cerca de 65% do tempo sobre se um réu seria preso novamente, mas que houve diferenças marcantes em sua classificação média por raça e gênero. Ele identificou os réus negros como de alto risco com muito mais frequência do que os réus brancos, mesmo quando lidava com outros fatores. Consequentemente, um réu negro tinha muito mais probabilidade de ser rotulado erroneamente como de alto risco do que um réu branco. Em resposta, Northpointe, a empresa que vende o COMPAS, apontou que seu algoritmo tinha a mesma precisão tanto para réus negros quanto brancos.[16] O problema é que os dados com os quais o algoritmo COMPAS aprendeu são o resultado de centenas de anos de preconceito racial sistemático presente no sistema de justiça dos EUA. Nos Estados Unidos, é muito mais provável que negros sejam presos por cometer crimes do que brancos, mesmo que cometam crimes de maneira semelhante. A pergunta que o algoritmo idealmente deveria ter respondido, então, não é "Quem provavelmente será preso?", mas "Quem provavelmente cometerá um crime?". Ainda que um algoritmo preveja com precisão prisões futuras, ainda será injusto se for prever uma taxa de prisão que seja racialmente tendenciosa.

Como ele conseguiu rotular os réus negros como sendo de alto risco de prisão se não recebeu informações sobre raça nos dados de treinamento? Os Estados Unidos são altamente segregados racialmente por bairros, de modo que ele poderia inferir a raça apenas a partir do endereço residencial de um réu. Ele pode ter notado que as pessoas de um determinado bairro tendem a receber liberdade condicional com menos frequência ou a serem presas com mais frequência, e moldou sua decisão de acordo com isso.

As IAs são tão propensas a encontrar e usar o preconceito humano que o estado de Nova York divulgou recentemente orientações para empresas de seguros que, se elas analisarem o tipo de "dados alternativos" que dariam à IA uma pista sobre qual bairro a pessoa vive, elas podem estar violando leis antidiscriminação. Os legisladores perceberam que essa seria uma saída sorrateira para a IA descobrir a provável raça de alguém e, em seguida, trapacear até chegar ao desempenho de nível humano, implementando o racismo (ou outras formas de discriminação).[17]

Afinal, prever quais crimes ou acidentes podem ocorrer é um problema amplo e muito difícil. Identificar e copiar um preconceito é uma tarefa muito mais fácil para uma IA.

## NÃO É UMA RECOMENDAÇÃO — É UMA PREVISÃO

As IAs nos dão exatamente o que pedimos, e precisamos ter muito cuidado com o que pedimos. Considere a tarefa de selecionar candidatos a emprego, por exemplo. Em 2018, a agência de notícias Reuters informou que a Amazon havia interrompido o uso da ferramenta que estava testando para pré-selecionar candidatos a emprego quando os testes da empresa revelaram que a IA estava discriminando mulheres. Aprendera a penalizar currículos de candidatas que frequentavam escolas exclusivamente femininas, e até aprendera a penalizar currículos que mencionavam a palavra *feminino* — como em "time de futebol feminino".[18] Felizmente, a empresa descobriu o problema antes de usar esses algoritmos para tomar decisões de triagem na vida real.[19] Os programadores da Amazon não se propuseram a projetar um algoritmo tendencioso — então como ele decidiu favorecer candidatos do sexo masculino?

Se o algoritmo for treinado a partir da maneira que os gerentes de contratação humanos selecionaram ou classificaram currículos no passado, é muito provável que isso aconteça. Está bem documentado que existe um forte preconceito de gênero (e racial) na maneira como os humanos avaliam currículos — mesmo que a triagem seja feita por mulheres e/ou minorias e/ou por pessoas que não acreditam que sejam tendenciosas. Um currículo enviado com um nome masculino tem uma probabilidade significativamente maior de obter uma entrevista do que um currículo idêntico enviado com um nome feminino. Se o algoritmo for treinado para favorecer currículos como os dos funcionários mais bem-sucedidos da empresa, isso poderá sair pela culatra também se a empresa já não tiver diversidade em sua força de trabalho ou se não tiver feito nada para solucionar o preconceito de gênero em suas análises de desempenho.[20]

Em uma entrevista ao Quartz, Mark J. Girouard, advogado trabalhista do escritório de advocacia Nilan Johnson Lewis, em Minneapolis, contou sobre um cliente que estava examinando o algoritmo de recrutamento de outra empresa porque queria descobrir quais características o algoritmo estava correlacionado mais fortemente com um bom desempenho. Essas características eram: (1) o nome do candidato era Jared e (2) o candidato jogou lacrosse.[21]

Depois que os engenheiros da Amazon descobriram o preconceito em sua ferramenta de triagem de currículo, tentaram removê-lo excluindo os termos associados às mulheres das palavras que o algoritmo teria que considerar. O trabalho deles foi dificultado ainda mais pelo fato de o algoritmo também ter aprendido a favorecer as palavras mais comumente incluídas nos currículos masculinos, como *executadas* e *capturadas*. O algoritmo acabou sendo ótimo em diferenciar currículos masculinos de femininos, mas terrível em recomendar candidatos, apresentando resultados basicamente aleatórios. Por fim, a Amazon descartou o projeto.

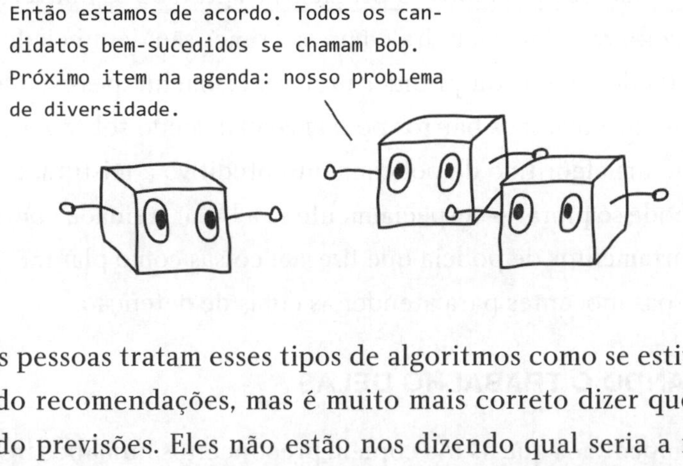

Então estamos de acordo. Todos os candidatos bem-sucedidos se chamam Bob. Próximo item na agenda: nosso problema de diversidade.


As pessoas tratam esses tipos de algoritmos como se estivessem fazendo recomendações, mas é muito mais correto dizer que estão fazendo previsões. Eles não estão nos dizendo qual seria a melhor decisão — eles estão apenas aprendendo a prever o comportamento humano. Como os humanos tendem a ser preconceituosos, os algoritmos que aprendem com eles também tendem a ser preconceituosos, a menos que os humanos tomem cuidado extra para encontrar e remover o preconceito.

Ao usar IAs para resolver problemas do mundo real, também precisamos dar uma olhada de perto no *que* está sendo previsto. Existe um tipo de algoritmo chamado **policiamento preditivo**, que analisa os registros policiais anteriores e tenta prever onde e quando os crimes serão registrados no futuro. Quando a polícia vê que seu algoritmo previu crimes em um bairro específico, eles podem enviar mais policiais para esse bairro na tentativa de evitar o crime ou, pelo menos, estar nas proximidades quando acontecer. No entanto, o algoritmo não está prevendo onde mais crimes ocorrerão; está prevendo onde o maior número de crimes será *detectado*. Se houver mais policiais enviados para um bairro em particular, mais crimes serão detectados lá do que em um bairro menos policiado, mas igualmente dominado por crimes, apenas porque há mais policiais por perto para testemunhar incidentes e parar pessoas aleatórias. E com os níveis crescentes de crime (detectado) em um bairro, a polícia pode decidir enviar ainda mais policiais para esse bairro. Esse problema é chamado de **excesso policial** e pode resultar em um tipo de feedback em loop no qual níveis cada vez mais altos de crime são relatados. O problema é agravado se houver algum preconceito racial na maneira como os crimes são denunciados: se a polícia tende a parar ou prender preferencialmente pessoas de uma determinada raça, seus bairros podem acabar sendo sobrepoliciados. Adicione um algoritmo de policiamento preditivo à mistura, e o problema pode só piorar — especialmente se a IA for treinada com dados de departamentos de polícia que fizeram coisas como plantar drogas em pessoas inocentes para atender às cotas de detenção. [22]

## CHECANDO O TRABALHO DELAS

Como impedimos que as IAs copiem preconceitos humanos involuntariamente? Uma das principais coisas que podemos fazer é já esperar que isso aconteça. Não devemos considerar as decisões da IA justas apenas porque uma IA não pode guardar rancor. Tratar uma decisão como imparcial apenas porque veio de uma IA é conhecido, às vezes, como **mathwashing** ou **bias laundering** [significa dizer que, como a matemática está envolvida, os algoritmos são neutros]. O preconceito ainda está lá, porque a IA o copiou de seus dados de treinamento, mas agora está envolto em uma camada do comportamento difícil de interpretar da IA. Intencionalmente ou não, as empresas podem acabar usando IA que discrimina de maneiras altamente ilegais (mas talvez lucrativas).

Portanto, precisamos verificar as IAs para garantir que suas soluções inteligentes não sejam terríveis.

Uma das maneiras mais comuns de detectar problemas é testar o algoritmo rigorosamente. Às vezes, infelizmente, esses testes são executados quando o algoritmo já está em uso — quando os usuários percebem, por exemplo, que secadores de mãos não respondem a mãos de pele escura ou que o reconhecimento de voz é menos preciso para mulheres do que para homens ou que os três principais algoritmos de reconhecimento facial são significativamente menos precisos para mulheres de pele escura do que para homens de pele clara.[23] Em 2015, pesquisadores da Universidade Carnegie Mellon usaram uma ferramenta chamada AdFisher para examinar os anúncios de emprego do Google e descobriram que a IA estava recomendando cargos executivos com salários altos para homens com muito mais frequência do que para mulheres.[24] Talvez os empregadores estivessem pedindo isso, ou talvez a IA tivesse aprendido acidentalmente a fazer isso sem o conhecimento do Google.

Esse é o pior cenário — detectar o problema após o dano já ter sido causado.

Idealmente, seria bom prever problemas como esses e projetar os algoritmos para que eles não ocorram em primeiro lugar. Como? Tendo uma força de trabalho tecnológica mais diversificada, por exemplo. Programadores marginalizados são mais propensos a antecipar onde o preconceito pode estar oculto nos dados de treinamento e a levar esses problemas a sério (também ajuda se esses funcionários tiverem o poder de fazer alterações). Isso não evitará todos os problemas, é claro. Até os programadores que sabem como os algoritmos de aprendizado de máquina podem se comportar mal ainda são surpreendidos regularmente por eles.

Por isso, também é importante testar rigorosamente nossos algoritmos antes de enviá-los ao mundo. As pessoas já criaram softwares para testar sistematicamente o preconceito em programas que determinam se, por exemplo, um determinado candidato é aprovado para um empréstimo.[25] Nesse exemplo, o software de teste de preconceito testaria sistematicamente muitos candidatos hipotéticos, procurando tendências nas características daqueles que foram aceitos. Uma abordagem sistemática de alta potência como essa é a mais útil, porque as manifestações de preconceito às vezes podem ser estranhas. Um programa de verificação de preconceito chamado Themis procurava por preconceitos de gênero nos pedidos de empréstimo. No início, tudo parecia bem, com cerca da metade dos empréstimos destinada a homens e a outra metade destinada a mulheres (nenhum dado foi relatado quanto a outros gêneros). Mas quando os pesquisadores analisaram a distribuição geográfica, descobriram que ainda havia muito preconceito — 100% das mulheres que obtiveram empréstimos eram de um único país. Existem empresas que começaram a oferecer seleções tendenciosas como um serviço.[26] Se governos e indústrias começarem a exigir a certificação de preconceito de novos algoritmos, essa prática poderá se tornar muito mais difundida.

Outra maneira pela qual as pessoas estão detectando preconceitos (e outros comportamentos infelizes) é projetando algoritmos que possam explicar como chegaram às suas soluções. Isso é complicado porque, como vimos, as IAs geralmente não são fáceis de interpretar. E como sabemos pelo Visual Chatbot discutido no Capítulo 4, é difícil

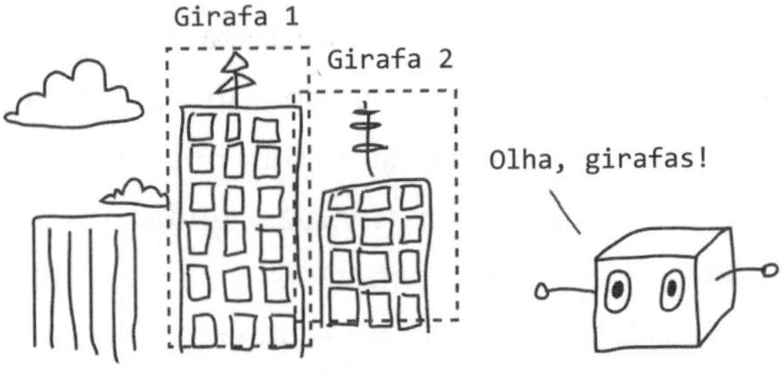

treinar um algoritmo que possa responder sensatamente a perguntas sobre como ele vê o mundo. O maior progresso foi alcançado com os algoritmos de reconhecimento de imagem, que podem apontar para os bits da imagem nos quais estavam prestando atenção ou podem nos mostrar os tipos de características que estavam procurando.

Construir algoritmos a partir de um monte de subalgoritmos também pode ajudar, se cada subalgoritmo relatar uma decisão legível por humanos.

Uma vez que detectamos o preconceito, o que podemos fazer quanto a ele? Uma maneira de remover o preconceito de um algoritmo é editar os dados de treinamento até que não mostrem mais o preconceito com o qual estamos preocupados.[27] Podemos alterar alguns pedidos de empréstimo da categoria "rejeitado" para "aceito", por exemplo, ou podemos deixar, seletivamente, alguns pedidos fora de nossos dados de treinamento. Isso é conhecido como **pré-processamento**.

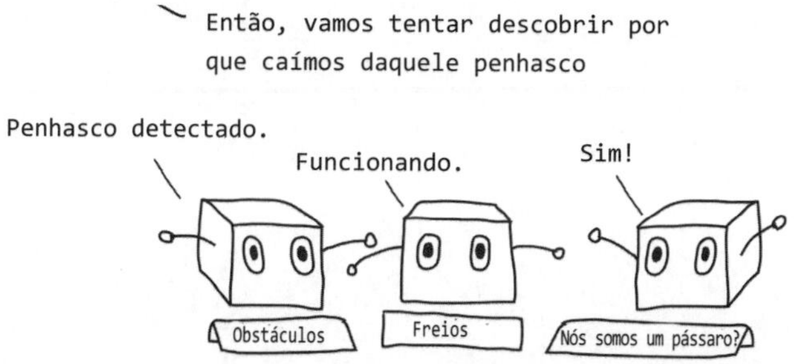
Então, vamos tentar descobrir por
que caímos daquele penhasco
Penhasco detectado.
Funcionando.
Sim!
Obstáculos
Freios
Nós somos um pássaro?

A chave para tudo isso pode ser a supervisão humana. Como as IAs são tão propensas a resolver, sem saber, o problema errado, a quebrar coisas ou a tomar atalhos infelizes, precisamos de pessoas para garantir que sua "solução brilhante" não seja um tapa na cara. E essas pessoas precisarão estar familiarizadas com as maneiras pelas quais as IAs tendem a ter sucesso ou dar errado. É como checar o trabalho de um colega — um colega muito, muito estranho. Para ter uma ideia do quão precisamente estranho, no próximo capítulo veremos alguns aspectos pelos quais uma IA é como um cérebro humano e alguns pelos quais é muito diferente.

CAPÍTULO 8

# Um cérebro de IA é como um cérebro humano?

Mudei alguns pixels e agora você acha que isso é uma girafa?
Sim. Tão majestosa.

Os algoritmos de aprendizado de máquina são apenas linhas de código de computador, mas, como vimos, eles podem fazer coisas que parecem muito humanas — aprendem testando estratégias, tomam atalhos preguiçosos para resolver problemas ou evitam o teste ao excluir as respostas. Além disso, os projetos de muitos algoritmos de aprendizado de máquina são inspirados em exemplos da vida real. Como aprendemos no Capítulo 3, as redes neurais são vagamente baseadas nos neurônios do cérebro humano, e os algoritmos evolutivos são baseados na evolução biológica. Acontece que muitos dos fenômenos que aparecem no cérebro ou nos organismos vivos também aparecem nas IAs que os imitam. Às vezes, eles até emergem de forma independente, sem que um programador os tenha programado deliberadamente.

## O MUNDO DOS SONHOS DA IA

Imagine jogar um sanduíche com força contra a parede. (Se ajudar, imagine-o como um dos terríveis sanduíches rejeitados no Capítulo 3.) Se você se concentrar, provavelmente será capaz de imaginar vividamente todas as etapas do processo: a sensação suave ou desajeitada das fatias de pão entre os dedos; a textura da crosta se você estiver jogando uma baguete ou um pão francês. Você provavelmente consegue imaginar quanto do pão se partirá sob seus dedos — talvez seus dedos sejam pressionados um pouco para dentro do pão, mas não até o fundo. Você também pode imaginar a trajetória do seu braço ao recuar para o arremesso e o ponto no movimento em que soltará o sanduíche. Você sabe que ele deixará sua mão sob seu próprio impulso e que ele poderá oscilar ou girar levemente enquanto voa pelo ar. Você consegue até prever onde ele vai bater na parede, com quanta força, como o pão pode se deformar ou se dividir e o que acontecerá com o recheio. Você sabe que ele não vai subir como um balão, desaparecer ou piscar em verde e laranja. (Bem, a menos que seja um sanduíche de manteiga de amendoim, hélio e artefatos alienígenas.)

Em suma, você tem modelos internos de sanduíches, da física de jogar coisas e de paredes. Os neurocientistas estudaram esses modelos internos, que governam nossas percepções do mundo e nossas previsões sobre o futuro. Quando um batedor bate em uma bola, os seus braços começam a se mover bem antes de a bola deixar a mão do arremessador — a bola não fica no ar por tempo suficiente para que os impulsos nervosos viajem para os músculos do batedor. Em vez de julgar a trajetória da bola, o batedor conta com um modelo interno de como um arremesso se comporta para cronometrar seu balanço. Muitos de nossos reflexos mais rápidos funcionam da mesma maneira, contando com modelos internos para prever a melhor reação.

As pessoas que constroem IAs para navegar em paisagens reais ou simuladas ou para resolver outras tarefas, geralmente também as configuram com modelos internos. Parte da IA pode ser projetada

Imagem de entrada:
Mais cedo no treinamento
Análise: Sanduíche está afundando no centro da terra
Opções e resultados esperados:
1.Pegar sanduíche
Resultado:
Sanduíche vira um velociraptor
2. Chutar sanduíche
Resultado:
Sanduíche se desfaz em uma singularidade
3. Comer sanduíche
Resultado:
Sanduíche dobra de tamanho
Ação preferida: 2. Chutar sanduíche
Mais tarde no treinamento
Análise: Sanduíche está em um prato
Opções e resultados esperados:
1. Pegar sanduíche
Resultado:
Sanduíche está na mão
2. Chutar sanduíche
Resultado:
Sanduíche cai no chão
3. Comer sanduíche
Resultado:
Sanduíche se foi
Ação preferida: 1. Pegar sanduíche

para observar o mundo, extrair partes importantes da informação e usá-las para criar ou atualizar o modelo interno. Outra parte da IA usará o modelo para prever o que acontecerá se executar ações variadas. Mais uma outra parte da IA decidirá qual o melhor resultado. À medida que a IA treina, melhora em todas as três tarefas. Os seres humanos aprendem de maneira muito semelhante — constantemente fazendo e atualizando suposições sobre o mundo ao seu redor.

Alguns neurocientistas acreditam que sonhar é uma maneira de usar nossos modelos internos para treinamentos de baixo risco. Deseja testar cenários para escapar de um rinoceronte furioso? É muito mais seguro testá-los em um sonho do que cutucar um rinoceronte real. Com base nesse princípio, os programadores de aprendizado de máquina às vezes usam o treinamento dos sonhos para ajudar seus algoritmos a aprender mais rapidamente. No Capítulo 3, analisamos um algoritmo — na verdade três IAs em um — cujo objetivo era permanecer vivo o maior tempo possível em um nível do jogo de computador Doom.[1] Ao combinar a percepção visual da tela do jogo, a memória do que aconteceu no passado e uma previsão do que acontecerá a seguir, os programadores criaram um algoritmo que poderia criar um modelo interno do nível do jogo e usá-lo para decidir o que fazer. Assim como no exemplo do jogador de beisebol humano, os modelos internos são algumas das nossas melhores ferramentas para treinar algoritmos para agirem.

A reviravolta em particular aqui, no entanto, foi a IA ter sido treinada não no jogo real, mas dentro do próprio modelo — ou seja, fazer com que a IA teste novas estratégias em sua própria versão onírica do jogo, e não na realidade. Há algumas vantagens em trabalhar dessa maneira: como a IA aprendeu a construir seu modelo com os detalhes mais importantes, a versão onírica é computacionalmente menos pesada de executar. Esse processo também acelera o treinamento porque a IA pode se concentrar nesses detalhes importantes e ignorar o resto. Ao contrário do sonho humano, o sonho da IA nos permite olhar para o modelo interno, como se estivéssemos bisbilhotando seu sonho. O que vemos é uma versão esboçada e borrada do nível do jogo. Podemos avaliar quanta importância a IA atribui a cada elemento do jogo pelo nível de detalhe com que é renderizado no mundo dos sonhos. Nesse caso, os monstros que jogam bola de fogo mal são esboçados, mas as bolas de fogo em si são renderizadas com detalhes realistas. Os padrões de tijolos nas paredes, curiosamente, também estão presentes no modelo interno — talvez sejam importantes para avaliar o quão perto o jogador está da parede.

E, com certeza, nessa versão simplificada do universo, a IA pode aprimorar suas habilidades de previsão e tomada de decisões, eventualmente ficando boa o suficiente para evitar a maioria das bolas de fogo. As habilidades que ela aprende no mundo dos sonhos também são transferíveis para o jogo de computador real, então ela lida cada vez melhor com a realidade ao treinar em seu modelo interno.

Contudo, nem todas as estratégias testadas pelos sonhos da IA funcionaram no mundo real. Uma das coisas que ela aprendeu foi como hackear seu próprio sonho — assim como todas as IAs do Capítulo 6 que hackearam suas simulações. Ao se mover de uma certa maneira, a IA descobriu que poderia explorar um erro em seu modelo interno que impediria que os monstros disparassem bolas de fogo. Essa estratégia, é claro, falhou no mundo real. Os sonhadores humanos às vezes podem ficar igualmente desapontados quando acordam e descobrem que não podem mais voar.

## CÉREBROS REAIS E CÉREBROS FALSOS PENSANDO IGUALMENTE

A IA jogadora de Doom tinha um modelo interno do mundo porque seus programadores escolheram projetá-la com um. Mas há casos em que as redes neurais chegaram independentemente a algumas das mesmas estratégias que os neurocientistas descobriram no cérebro de animais.

Em 1997, os pesquisadores Anthony Bell e Terrence Sejnowski treinaram uma rede neural para examinar várias cenas naturais ("árvores, folhas, etc") e ver quais características ela poderia detectar. Ninguém disse o que procurar especificamente, apenas para separar as coisas que eram diferentes. (Esse tipo de análise livre de um conjunto de dados é chamado de **aprendizado não supervisionado**.) A rede acabou desenvolvendo espontaneamente vários filtros de detecção de bordas e padrões que se assemelham aos tipos de filtros que os cientistas encontraram nos sistemas de visão tanto humana quanto de outros mamíferos. Sem ser especificamente instruída a fazê-lo, a rede neural artificial chegou a alguns dos mesmos truques de processamento visual usados pelos animais.[2]

Houve outros casos como esse. Os pesquisadores do Google DeepMind descobriram que, quando criaram algoritmos que deveriam aprender a navegar, eles desenvolveram espontaneamente representações de células de grade que se assemelham às de alguns cérebros de mamíferos.[3]

Até mesmo cirurgia cerebral funciona em redes neurais, de certa maneira. Lembre-se de que, no Capítulo 3, descrevi como os pesquisadores observaram os neurônios em uma rede neural geradora de imagens (GAN) e foram capazes de identificar neurônios individuais que geravam árvores, cúpulas, tijolos e torres. Eles também podiam identificar neurônios que pareciam produzir manchas defeituosas. Quando eles removeram os neurônios produtores de falhas da rede neural, as falhas desapareceram de suas imagens. Eles também descobriram que podiam desativar os neurônios que estavam gerando certos objetos e, com isso, esses objetos desapareceram das imagens.[4]

### EVOLUÇÃO CONVERGENTE

Os sistemas nervosos virtuais não são as únicas coisas que se assemelham a seus colegas da vida real. As versões digitais da evolução podem apresentar comportamentos que também evoluíram em organismos reais — como cooperação, competição, trapaça, predação e até parasitismo. Até mesmo algumas das estratégias mais estranhas das IAs evoluídas digitalmente têm equivalentes na vida real.

Em uma arena virtual chamada PolyWorld, na qual organismos simulados poderiam competir por alimentos e recursos, algumas criaturas desenvolveram a estratégia bastante sombria de comer seus filhos. Produzir crianças não consumia recursos naquele mundo, mas as crianças eram uma fonte gratuita de comida.[5] E sim, os organismos da vida real também desenvolveram uma versão disso. Alguns insetos, anfíbios, peixes e aranhas produzem **ovos tróficos** não fertilizados especificamente para os filhotes comerem. Às vezes, os ovos são alimentos suplementares e, em outros casos, como no caso do *Canthophorus niveimarginatus*, um inseto escavador, os filhotes dependem dos ovos como fonte de alimento.[6] Algumas formigas e abelhas produzem ovos tróficos como alimento para suas rainhas. Não são apenas ovos que são consumidos pelos seus irmãos. Alguns tubarões dão à luz a filhotes vivos — e aqueles que chegam a nascer sobreviveram comendo seus irmãos no útero.

## ESQUECIMENTO CATASTRÓFICO

Lembre-se, como vimos no Capítulo 2, que quanto mais limitada sua tarefa, mais uma IA parece inteligente. E você não pode começar com uma inteligência artificial estreita, ensiná-la a executar tarefas após tarefas e acabar com uma inteligência artificial geral. Se tentarmos ensinar uma segunda tarefa a uma IA estreita, ela esquecerá a primeira. Você acabará com uma IA estreita que só aprendeu o que você ensinou por último.

Vejo isso em ação o tempo todo quando treino redes neurais geradoras de texto.

Por exemplo, aqui estão alguns resultados de uma rede neural que eu treinei com base em vários feitiços de Dungeons & Dragons. Ela fez seu trabalho muito bem — esses são feitiços pronunciáveis e plausíveis e podem até enganar as pessoas a pensar que são reais. (Sim, eu selecionei os melhores resultados.)

```
Encontre Fiel
Pedra Emaranhada
Conceder Mísseis
Segredo de Energia
Massa Ressonante
Feitiço de Controle Mineral
Navio Sagrado
Água da Noite
Falha na Pena
Saudações ao Dave
Atrasar Cauda
Rachadura de Stunker
Besouros Explosivos
Lâmina da Pedra Negra
Esfera Distrativa
Chapeleiro do Amor
Semente da Dança
Proteção da Pessoa com Capacidade
Neve Morta-viva
Maldição do rei de Furch
```

Depois, treinei a mesma rede neural em um novo conjunto de dados: os nomes das receitas de torta. Será que conseguiria obter uma rede neural capaz de produzir tortas e feitiços? Após apenas um pouco de treinamento, parecia que poderia estar começando a acontecer quando os feitiços de D&D começaram a ganhar um sabor distinto.

```
Discernir Torta
Detectar Creme
Torta da Morte
Evocar Torta de Falha
Enxame de Creme da Morte
Ferramentas Fáceis de Creme de Maçã
Torta de Transporte de Esfera de Urso
Martelo de Crosta
Torta de Creme de Brilho
Trocar Torta Menor
Muro de Torta
Torta de Creme de Bomba
Música da Crosta
Chocolate Arcano
Torta da Natureza
Torta de Mordenkainen
Rary's ou Tentáculo de Queijo com Crosta
Torta Assombrosa
Crostilidade Necropóstica
Pudim de Migalha de Energia Voadora
```

Infelizmente, como o treinamento continuou, a rede neural rapidamente começou a esquecer os feitiços que havia aprendido. Ela tornou-se boa em gerar nomes de torta. De fato, tornou-se *ótima* na geração de nomes de torta. Mas não era mais um mago.

```
Bolo Assado de Creme
Torta de Nozes da Reese
Torta de Pêssego e Gemada #2
Torta de Maçã com Fudge e guloseimas
Recheio de Amêndoa com Amora
Torta de Abóbora com Marshmallow
Cromberry Yas
Torta de Batata Doce
Torta de Queijo e Cereja #2
Torta de Morango Impossível e Gengibre
```

```
Torta de Queijo com Café
Torta de Abóbora Florida
Cobertura de carne
Torta de Transe Assada
Tortas de Creme Frito
Desfiles ou Tortas de Carne ou Bolo #1
Torta de Maçã e da Colheita do Leite
Torta de Açúcar com Dedo de Gelo
Torta de Abóbora com Biscoito Cheddar
Torta de Morango com Peixe
Torta de Feijão com Caramelo
Torta de Merengue de Caribu
```

Essa peculiaridade das redes neurais é conhecida como **esquecimento catastrófico.**[7] Uma rede neural típica não tem como proteger sua memória de longo prazo. À medida que aprende novas tarefas, todos os seus neurônios estão disponíveis, desconectando-se da escrita de feitiços e sendo utilizados para inventar tortas. O esquecimento catastrófico determina quais problemas são práticos para resolver com as IAs de hoje e molda como pensamos em fazer com que a IA faça as coisas.

Os pesquisadores estão trabalhando para solucionar o esquecimento catastrófico, inclusive tentando construir uma espécie de memória de longo prazo composta por neurônios protegidos, semelhante à maneira como o cérebro humano armazena com segurança memórias de longo prazo por décadas.

Redes neurais maiores podem ser um pouco mais resistentes ao esquecimento catastrófico, talvez porque suas habilidades se espalham por tantas células treinadas que nem todas elas são reaproveitadas durante a transferência de aprendizagem.

Um algoritmo grande como o GPT-2 (a grande rede neural geradora de texto do Capítulo 2) ainda é capaz de gerar fanfictions de Harry Potter mesmo depois de treiná-lo por um longo tempo em receitas. Tudo o que preciso fazer é incentivá-lo com um trecho de uma história sobre Harry e Snape, e o GPT-2 treinado em receita lembra como preencher o resto da história. Divertidamente, ele tem a tendência de direcionar a história para conversas relacionadas a alimentos. Incentive-o com um parágrafo de um romance de terror e eventualmente o personagem começará a compartilhar receitas e relembrar a respeito de um "sanduíche de manteiga e queijo coberto de chocolate", e uma conversa entre Luke Skywalker e Obi-Wan Kenobi em breve se tornará uma discussão sobre molho de peixe alderaiano. Em apenas alguns parágrafos, uma história que começou com Snape confrontando Harry sobre poções roubadas se tornou em uma conversa sobre como melhorar uma receita de sopa.

"Mas eu tenho que me perguntar, mesmo assim, se você realmente tomou essa sopa com um pouco de peixe. A sopa é tão cheia de sabor que não havia nem sequer um gosto."

"Nós comemos isso com um monte de peixe", Hermione apontou. "Estamos todos comendo isso com um peixe. Deve ser muito bom."

"Eu acho que sim", Harry concordou. "Eu experimentei com ostras grelhadas, com lagosta, com camarão e caudas de lagosta. É muito bom."

"Eu acho que realmente era apenas uma receita para ostras grelhadas."

"O que foi isso?", Ron disse da cozinha.

"Essa é uma sopa muito especial para mim, porque é muito diferente. Você precisa começar com o sabor e adicionar gradualmente outros ingredientes."

Mesmo que uma IA fique grande o suficiente para lidar com várias tarefas intimamente relacionadas ao mesmo tempo, pode acabar fazendo cada uma delas de uma maneira um tanto ruim — lembra da rede neural geradora de gatos do Capítulo 4 que penou para lidar com uma variedade de poses de gatos?

Até agora, a solução mais comum para o esquecimento catastrófico foi a compartimentalização: toda vez que queremos adicionar uma nova tarefa, usamos uma nova IA. Acabamos ficando com várias IAs independentes, cada uma podendo fazer apenas uma coisa. Mas se as conectarmos umas as outras e elaborarmos uma maneira de descobrir qual IA precisamos em qual momento, tecnicamente teremos um algoritmo que pode fazer mais de uma coisa. Lembre-se da IA jogadora de Doom que era, na verdade, três IAs em uma — uma observando o mundo, uma prevendo o que acontecerá a seguir e uma decidindo a melhor ação a ser tomada.

Alguns pesquisadores veem o esquecimento catastrófico como um dos principais obstáculos que nos impedem de construir uma inteligência no nível humano. Se um algoritmo pode aprender apenas uma tarefa de cada vez, como pode assumir a enorme variedade de tarefas de conversação, análise, planejamento e tomada de decisão que os humanos realizam? Pode ser que o esquecimento catastrófico sempre nos limite a algoritmos de tarefa única. Por outro lado, se algoritmos de tarefa única suficientes pudessem se coordenar como formigas ou cupins, eles poderiam resolver problemas complexos interagindo uns com os outros. As inteligências artificiais gerais do futuro, se existirem, poderiam ser mais como um enxame de insetos sociais do que como humanos.

## PRECONCEITO AMPLIFICADO

No Capítulo 7, vimos algumas das muitas maneiras pelas quais as IAs podem aprender preconceito a partir de seus dados de treinamento. Isso só piora.

Os algoritmos de aprendizado de máquina não apenas captam o preconceito de seus dados de treinamento, mas também tendem a se tornar *mais* preconceituosos do que os dados em si. Da perspectiva deles, só descobriram uma regra de atalho útil que os ajuda a equipararem-se, com mais frequência, aos humanos em seus dados de treinamento.

Você pode ver como as regras de atalho podem ser úteis. Um algoritmo de reconhecimento de imagem pode não ser bom para reconhecer objetos sendo segurados, mas se também vir itens como balcões, armários de cozinha e um fogão, pode supor que o humano na foto está segurando uma faca de cozinha, não uma espada. Na verdade, mesmo que não tenha ideia de como diferenciar uma espada de uma faca de cozinha, isso não importa, desde que ele saiba adivinhar "faca de cozinha" quando a cena é uma cozinha. É um exemplo do problema de desequilíbrio de classe do Capítulo 6, no qual um algoritmo de classificação vê muito mais exemplos de um tipo de entrada que de outro e aprende que pode obter, gratuitamente, muita precisão assumindo que casos raros nunca ocorrem.

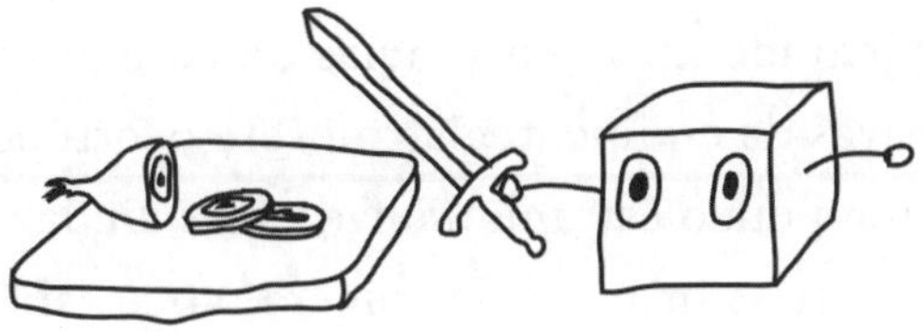

Infelizmente, quando o desequilíbrio de classe interage com conjuntos de dados preconceituosos, geralmente resulta em ainda mais preconceito. Alguns pesquisadores da Universidade de Virgínia e da Universidade de Washington observaram com que frequência um algoritmo de classificação de imagens achava que os seres humanos fotografados em cozinhas eram mulheres em contraste com a frequência que pensavam que eram homens.[8] (Sua pesquisa e o conjunto de dados original de classificação humana focaram um gênero binário, embora os autores tenham notado que essa é uma definição incompleta do espectro de gênero.) As figuras originais de humanos classificados mostravam um homem cozinhando apenas 33% das vezes. Claramente, os dados já tinham preconceito de gênero. Quando eles treinaram uma IA com base nessas fotos, no entanto, descobriram que a IA rotulava apenas 16% das imagens como "homem". Ela havia decidido que poderia aumentar sua precisão ao assumir que qualquer humano na cozinha era uma mulher.

Há outra maneira pela qual os algoritmos de aprendizado de máquina podem ter um desempenho espetacularmente pior que os humanos, e isso é porque eles são suscetíveis a um tipo estranho e muito cyberpunk de hackeamento.

## ATAQUES CONTRADITÓRIOS

Suponha que você esteja administrando a segurança em uma fazenda de baratas. Você possui uma tecnologia de reconhecimento de imagem avançada em todas as câmeras, pronta para acionar o alarme ao menor sinal de problema. O dia passa sem ocorrências até que, revisando os registros no fim do seu turno, você percebe que, embora o sistema tenha registrado zero ocorrências de baratas escapando para as áreas exclusivas da equipe, registrou sete ocorrências de girafas. Achando isso um pouco estranho, talvez, mas ainda não alarmante, você decide revisar as imagens da câmera. Você está apenas começando a reproduzir o primeiro registro de data e hora da "girafa" ao ouvir o deslizamento de milhões de pés minúsculos.

O que aconteceu?

Seu algoritmo de reconhecimento de imagem foi enganado por um **ataque contraditório.** Com conhecimento especial do design ou dos dados de treinamento do seu algoritmo, ou mesmo por meio de tentativa e erro, as baratas foram capazes de projetar pequenos blocos que levariam a IA a pensar que estava vendo girafas em vez de baratas. Os pequenos blocos não pareceriam nem um pouco com girafas para as pessoas — apenas um monte de estática cor de arco-íris. E as baratas nem precisaram se esconder atrás dos blocos — tudo o que elas tinham que fazer era continuar mostrando os blocos para a câmera enquanto caminhavam descaradamente pelo corredor.

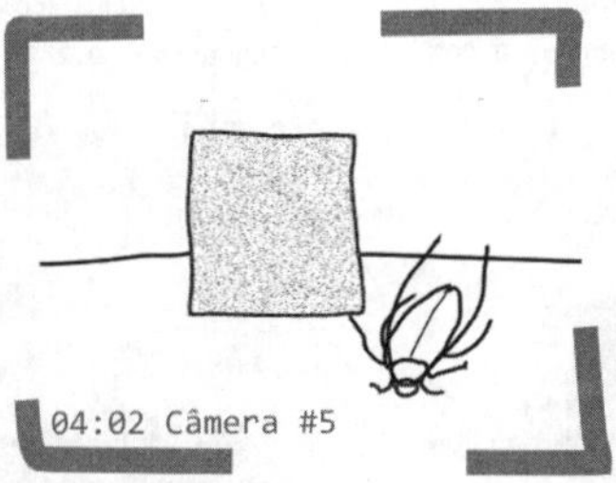


Isso soa como ficção científica? Ok, além da parte sobre as baratas autoconscientes? Acontece que os ataques adversários são uma característica estranha dos algoritmos de reconhecimento de imagem baseados em aprendizado de máquina. Os pesquisadores demonstraram que poderiam mostrar a um algoritmo de reconhecimento de imagem a imagem de um barco salva-vidas (que ele identifica como um barco salva-vidas com 89,2% de confiança) e, em seguida, adicionar um pequeno pedaço de ruído especialmente projetado em um canto da imagem. Um ser humano olhando para a foto poderia dizer que é obviamente a imagem de um barco salva-vidas com um pequeno pedaço de arco-íris estático em um canto. A IA, no entanto, identifica o barco salva-vidas como um terrier escocês com 99,8% de confiança.[9] Os pesquisadores conseguiram convencer a IA de que um submarino era de fato um gorro, que uma margarida era um urso marrom e uma minivan eram rãs arborícolas. A IA nem sabia que havia sido enganada por esse pedaço específico de ruído. Quando solicitada a alterar alguns pixels que deixariam o gorro mais parecido com um submarino, o algoritmo alterou os pixels espalhados por toda a imagem em vez de focar o pedaço de ruído culpado.

Esse pequeno pedaço contraditório de estática é a diferença entre um algoritmo em funcionamento e uma fuga em massa de baratas.

É mais fácil projetar um ataque contraditório quando você tiver acesso ao funcionamento interno do algoritmo. Mas acontece que você também pode enganar o algoritmo de um estranho. Pesquisadores do LabSix descobriram que podem projetar ataques contraditórios

Submarino (98,9%) → Gorro (99,1%)

mesmo quando não têm acesso às conexões internas da rede neural. Usando um método de tentativa e erro, eles podiam enganar as redes neurais quando tinham acesso apenas às suas decisões finais e mesmo quando lhes era permitido apenas um número limitado de tentativas (100 mil, nesse caso).[10] Apenas manipulando as imagens que mostravam, eles conseguiram enganar a ferramenta de reconhecimento de imagem do Google, fazendo-a pensar que uma foto de esquiadores era uma foto de um cachorro.

Veja como: começando com uma foto de um cachorro, eles substituíram alguns de seus pixels, um por um, por pixels de uma foto de esquiadores, certificando-se de escolher apenas pixels que não pareciam ter efeito no quanto a IA pensava que a foto parecia um cachorro. Se você jogasse esse jogo com um humano, depois de um certo ponto, o humano começaria a ver os esquiadores sobrepostos na foto do cachorro. Eventualmente, quando a maioria dos pixels fosse alterada, o humano veria apenas esquiadores e nenhum cachorro. A IA, no entanto, ainda achava que a imagem era um cachorro, mesmo depois de tantos pixels serem substituídos a ponto que os humanos veriam uma foto óbvia dos esquiadores. A IA parecia basear suas decisões em alguns pixels cruciais, cujas funções são invisíveis para os humanos.

Então, você conseguiria proteger seu algoritmo contra ataques contraditórios se não deixasse ninguém brincar com ele ou ver seu

código? Acontece que ainda assim ele pode ser suscetível se o invasor souber com qual conjunto de dados ele foi treinado. Como veremos mais adiante, essa vulnerabilidade em potencial aparece em aplicativos do mundo real, como imagens médicas e digitalização de impressões digitais.

O problema é que existem apenas alguns conjuntos de dados de imagem no mundo que são gratuitos e grandes o suficiente para serem úteis no treinamento de algoritmos de reconhecimento de imagem, e muitas empresas e grupos de pesquisa os utilizam. Esses conjuntos de dados têm seus problemas — um, o ImageNet contém 126 raças de cães, mas não tem cavalos ou girafas, e seus seres humanos costumam ter pele clara —, mas são convenientes porque são gratuitos. Ataques contraditórios projetados para uma IA provavelmente também funcionarão em outras redes que aprenderam com o mesmo conjunto de dados de imagens. Os dados de treinamento parecem ser a coisa mais importante, não os detalhes de como a IA foi projetada. Isso significa que, mesmo se você mantiver o código da sua IA em segredo, os hackers ainda poderão criar ataques contraditórios que enganem sua IA se você não gastar tempo e dinheiro criando seu próprio conjunto de dados privado.

As pessoas podem até conseguir configurar seus próprios ataques contraditórios contaminando conjuntos de dados publicamente disponíveis. Há conjuntos de dados públicos, por exemplo, para os quais as pessoas podem contribuir com amostras de malware para treinar uma IA antimalware. Mas um artigo publicado em 2018 mostrou que, se um hacker enviar amostras suficientes para um desses conjuntos de dados de malware (o suficiente para corromper apenas 3% do conjunto de dados), o hacker poderá criar ataques contraditórios que despistam as IAs treinadas nele.[11]

Não está totalmente claro por que os dados de treinamento são muito mais importantes para o sucesso do algoritmo do que o seu design. E é um pouco preocupante, pois significa que os algoritmos podem, na verdade, estar reconhecendo peculiaridades estranhas de seus conjuntos de dados em vez de aprender a reconhecer objetos em todos os tipos de situações e condições de iluminação. Em outras palavras, o sobreajuste ainda pode ser um problema muito mais difundido nos algoritmos de reconhecimento de imagem do que gostaríamos de acreditar.

Mas isso também significa que algoritmos da mesma família — algoritmos que aprenderam com os mesmos dados de treinamento — se entendem bem de uma maneira estranha. Quando pedi a um algoritmo de reconhecimento de imagem chamado AttnGAN para gerar uma foto de "uma garota comendo uma fatia grande de bolo", ele gerou algo quase irreconhecível. Borrões de bolo flutuavam em torno de um caroço carnudo, coberto de pelos, cravejado de muitos orifícios. A textura do bolo foi reconhecidamente bem-feita. Mas um humano não saberia o que o algoritmo estava tentando desenhar.

Uma garota comendo uma fatia grande de bolo

Mas você sabe quem *pode* dizer o que o AttnGAN estava tentando desenhar? Outros algoritmos de reconhecimento de imagem que foram treinados com o conjunto de dados COCO. O Visual Chatbot acerta quase exatamente, relatando "uma garotinha está comendo um pedaço de bolo".

**Visual Chatbot:** uma garotinha está comendo um pedaço de bolo

**Microsoft Azure:** uma pessoa sentada a uma mesa comendo bolo

**Google Cloud:** comendo, junk food, assando, criança pequena, lanche

**IBM Watson:** pessoa, comida, produto alimentício, criança, pão.

(Todos treinados com COCO)

Os algoritmos de reconhecimento de imagem que foram treinados com outros conjuntos de dados, no entanto, estão confusos. "Vela?", chuta um deles. "Caranguejo-real?", "Pretzel?", "Concha?"

**DenseNeet:** Vela

**SqueezeNet:** Caranguejo-real

**Inception V3:** pretzel

**ResNet-50:** concha

(Todos treinados com ImageNet)

O artista Tom White usou esse efeito para criar um novo tipo de arte abstrata. Ele dá a uma IA uma paleta de borrões abstratos e "lavagens coloridas" [uma pintura falsa, que dilui a tinta em esmalte para dar uma camada leve de cor à parede] e diz a ela para desenhar algo (uma lanterna, por exemplo) que outra IA possa identificar.[12] Os desenhos resultantes se parecem vagamente com as coisas que deveriam ser — um "copo medidor" é um borrão verde achatado coberto de rabiscos horizontais, e um "violoncelo" parece mais um coração humano do que um instrumento musical. Mas para algoritmos treinados pelo ImageNet, as imagens são incrivelmente precisas. De certa forma, essa obra de arte é uma forma de ataque contraditório.

Obviamente, como em nosso cenário anterior de baratas, os ataques contraditórios costumam ser más notícias. Em 2018, uma equipe da Harvard Medical School e do MIT alertou que ataques contraditórios na medicina poderiam ser particularmente insidiosos — e lucrativos.[13] Atualmente, as pessoas estão desenvolvendo algoritmos de reconhecimento de imagem para rastrear automaticamente raios-X, amostras de tecido e outras imagens médicas, procurando por sinais de doença. A ideia é economizar tempo fazendo uma triagem de alto rendimento para que os humanos não precisem olhar para todas as imagens. Além disso, os resultados podem se manter consistentes de hospital para hospital, onde quer que o software seja implementado — para que possam ser usados para decidir quais pacientes se qualificam para determinados tratamentos ou para comparar vários medicamentos entre si.

É aí que entra a motivação para hackear. Nos Estados Unidos, a fraude de seguros já é lucrativa, e alguns provedores de assistência médica estão adicionando testes e procedimentos desnecessários para aumentar a receita. Um ataque contraditório seria uma maneira prática e difícil de detectar para mover alguns pacientes da categoria A para a categoria B. Também há a tentação de ajustar os resultados de ensaios clínicos para que um novo medicamento lucrativo seja aprovado. E como muitos algoritmos de reconhecimento de imagens médicas são algoritmos genéricos treinados pela ImageNet, que tiveram um pouco de tempo extra de treinamento em um conjunto de dados médicos especializados, eles são relativamente fáceis de hackear. Isso não significa que é inútil usar o aprendizado de máquina na medicina — apenas significa que podemos sempre precisar de um especialista humano verificando o trabalho do algoritmo.

Outro aplicativo que pode ser particularmente vulnerável a ataques contraditórios é a leitura de impressões digitais. Uma equipe da Universidade de Nova York Tandon e da Universidade Estadual do Michigan mostrou que poderia usar ataques contraditórios para projetar o que se chamava de impressão mestra — uma única impressão digital que poderia passar por 77% das impressões em um leitor de impressão digital de baixa segurança.[14] A equipe também foi capaz de enganar leitores com segurança mais elevada, ou leitores de impressões digitais comerciais treinados em diferentes conjuntos de dados, na maior parte do tempo. As impressões mestras até pareciam impressões digitais comuns — ao contrário de outras imagens falsificadas que contêm distorções estáticas ou de outro tipo —, o que dificultava a identificação da falsificação.

Os algoritmos de conversão de voz em texto também podem ser hackeados. Grave uma voz dizendo "feche as portas antes que as baratas entrem" e você poderá sobrepor um ruído que um ser humano ouvirá como sendo uma estática sutil, mas que fará com que uma IA de reconhecimento de voz ouça o áudio como "por favor, desfrute de um sanduíche delicioso ". É possível ocultar mensagens em músicas ou mesmo em silêncio.

Desfrutar deste sanduíche
delicioso? Não se importe
se eu o fizer.

Os serviços de triagem de currículo também podem ser suscetíveis a ataques contraditórios — não por hackers com algoritmos próprios, mas por pessoas que tentam alterar seus currículos de maneiras sutis para passar pela IA. O jornal *Guardian* relata: "Um funcionário de RH de uma grande empresa de tecnologia recomenda inserir as palavras 'Oxford' ou 'Cambridge' em um CV com texto branco invisível para passar na triagem automatizada."[15]

Não é como se os algoritmos de aprendizado de máquina fossem a única tecnologia vulnerável a ataques contraditórios. Até os humanos são suscetíveis ao estilo de ataque contraditório de Wile E. Coyote [o Coiote do desenho Papa-Léguas]: colocar um sinal de parada falso, por exemplo, ou desenhar um túnel falso em uma parede de rocha sólida. É que os algoritmos de aprendizado de máquina podem ser enganados por ataques contraditórios que os humanos nunca nem registrariam. E, à medida que a IA se torna mais difundida, podemos acabar disputando uma corrida armamentista entre a segurança da IA e hacks cada vez mais sofisticados e difíceis de detectar.

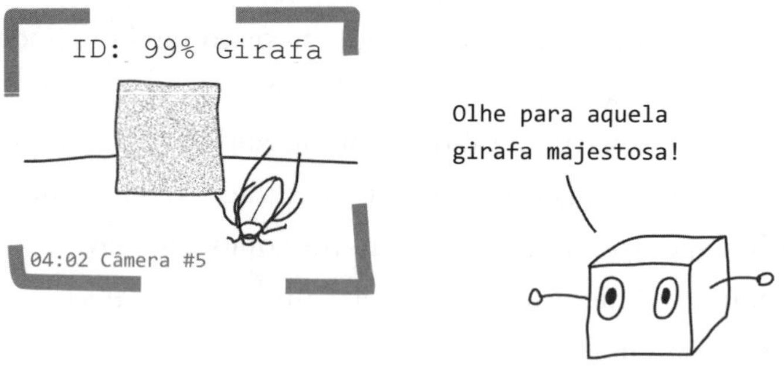


Um exemplo de ataque contraditório direcionado a humanos com telas sensíveis ao toque: alguns anunciantes colocaram manchas falsas de "poeira" em seus banners, esperando que os humanos clicassem acidentalmente nos anúncios enquanto tentavam limpá-las.[16]

## DESCONSIDERANDO O ÓBVIO

Sem uma maneira de ver o que as IAs estão pensando ou de perguntar como chegaram às suas conclusões (as pessoas estão trabalhando nisso), geralmente nossa primeira pista de que algo deu errado é quando a IA faz algo estranho.

Ao mostrar para uma IA uma ovelha com bolinhas ou tratores pintados nas laterais, ela relatará ter visto a ovelha, mas não relatará nada de incomum sobre ela. Quando você mostra uma cadeira em forma de ovelha com duas cabeças, ou uma ovelha com pernas demais ou olhos demais, o algoritmo também relatará apenas uma ovelha.

Por que as IAs são tão alheias a essas monstruosidades? Às vezes, é porque elas não têm como se expressar. Algumas IAs só podem responder exibindo o nome de uma categoria — como "ovelhas" — e não têm a opção de expressar que *sim*, é uma ovelha, mas algo está muito, muito errado. Mas muitas vezes pode haver outro motivo. Acontece que os algoritmos de reconhecimento de imagem são muito bons na identificação de imagens embaralhadas. Se você cortar uma imagem de um flamingo em pedaços e reorganizá-los, um humano não poderá mais dizer que é um flamingo. Mas uma IA pode ainda não ter problemas para ver o pássaro. Ainda é possível ver um olho, uma ponta de bico e um par de pés, e mesmo que eles não estejam em seus respectivos lugares, a IA está apenas procurando pelas características, não pela maneira como elas estão conectadas. Em outras palavras, a IA está agindo como um modelo de **saco-de-características**. Mesmo IAs que, teoricamente, são capazes de observar formas grandes, não apenas características pequenas, parecem muitas vezes agir como modelos simples de saco-de-características.[17] Se os olhos do flamingo estiverem nos tornozelos ou se o bico estiver a vários metros de distância, a IA não vê nada fora do comum.

Basicamente, se você estiver em um filme de terror em que zumbis começam a aparecer, convém assumir os controles do seu carro autônomo.

De maneira ainda mais preocupante, a IA em um carro autônomo pode deixar passar outros perigos raros, porém mais realistas. Se o carro na frente dela estiver pegando fogo, derrapando no gelo ou carregando um vilão de Bond que acabou de soltar um monte de pregos na rua, um carro autônomo não registrará nada de errado, a menos que tenha sido especificamente preparado para esse problema.

Você poderia projetar uma IA para contar olhos ou identificar carros em chamas? Com certeza. Uma IA "em chamas ou não" provavelmente poderia ser bastante precisa. Mas pedir a uma IA que identifique carros em chamas *e* carros comuns *e* motoristas bêbados *e* bicicletas *e* emas em fuga — isso se torna uma tarefa realmente ampla. Lembre-se de que quanto mais limitada é a IA, mais ela parece inteligente. Lidar com toda a estranheza do mundo é uma tarefa que está para além da IA de hoje. Para isso, você precisará de um humano.

CAPÍTULO 9

# Bots humanos (onde você espera *não* encontrar IA?)

Então, qual é
o seu emprego?
Eu finjo ser um computador
que roubou meu trabalho.

Ao longo deste livro, aprendemos que as IAs podem funcionar no nível de um ser humano apenas em situações controladas e muito limitadas. Quando o problema se amplia, a IA começa a penar. Responder aos colegas usuários de mídia social é um exemplo de um problema amplo e complicado, e é por isso que é improvável que o que chamamos de "bots de mídia social" — contas fraudulentas que espalham spam ou informações erradas — sejam implementados com IA. Na verdade, identificar um bot de mídia social pode ser mais fácil para uma IA do que *ser* um bot de mídia social. Em vez disso, as pessoas que constroem bots de mídia social provavelmente usam a programação tradicional baseada em regras para automatizar algumas funções simples. Qualquer coisa mais sofisticada do que isso provavelmente será um ser humano mal pago em vez de uma IA de fato. (Há uma certa ironia na ideia de um humano roubar o emprego de um robô.) Neste capítulo, falarei sobre casos em que o que pensamos serem bots são realmente seres humanos — e onde é improvável que você veja a IA tão cedo.

## UM HUMANO EM PELE DE BOT

As pessoas geralmente dão às IAs tarefas que são muito difíceis. Às vezes, os programadores só descobrem que há um problema quando suas IAs tentam e falham. Outras vezes, eles não percebem que sua IA está resolvendo um problema diferente, mais fácil do que o que eles esperavam que fosse resolver (por exemplo, baseando-se no tamanho de um arquivo de caso médico e não no seu conteúdo para identificar casos problemáticos).[1] Ainda assim, outros programadores apenas *fingem* que descobriram como resolver o problema com a IA enquanto secretamente usam humanos para fazê-lo.

Esse último fenômeno, o de afirmar um desempenho humano como sendo IA, é muito mais comum do que você imagina. A atração da IA por muitos aplicativos é sua capacidade de lidar com grandes volumes, analisando centenas de imagens ou transações por segundo. Mas, para volumes muito pequenos, é mais barato e fácil usar humanos do que construir uma IA. Em 2019, 40% das startups europeias classificadas na categoria de IA não usaram nenhuma IA sequer.[2]

Às vezes, usar humanos é apenas uma solução temporária. Uma empresa de tecnologia pode primeiro criar um modelo do software movido por humanos enquanto trabalha em coisas como interfaces de usuário e fluxo de trabalho ou enquanto avalia o interesse dos investidores. Às vezes, um modelo movido a humanos até gera exemplos que serão usados como dados de treinamento para a eventual IA. Essa abordagem de "fingir até você fazer" às vezes pode fazer muito sentido. Também pode ser um risco — uma empresa pode acabar demonstrando uma IA que não pode realmente construir. Tarefas que são executáveis por seres humanos podem ser realmente difíceis ou até impossíveis para a IA. Os humanos têm o hábito furtivo de realizar tarefas amplas sem nem mesmo perceber.

O que acontece depois? Uma solução que as empresas às vezes usam é ter um funcionário humano esperando para entrar se uma IA começar a ter dificuldades. É assim que os carros autônomos de hoje geralmente funcionam: a IA consegue manter a velocidade ou até controlar a direção por longos trechos de rua ou durante longas horas de tráfego lento. Mas um humano precisa estar pronto para ajudar a qualquer momento, caso haja algo sobre o qual a IA não tenha certeza. Isso é chamado de abordagem pseudo-IA ou IA híbrida.

Muito confuso!
Ajuda, humano!

Algumas empresas veem a pseudo-IA como uma ponte temporária enquanto trabalham com uma solução de IA que poderão alcançar. Nem sempre é tão temporário quanto elas esperavam. Lembra-se do M do Facebook no Capítulo 2, um aplicativo de assistente pessoal com IA que enviava as perguntas complicadas aos funcionários humanos? Embora a ideia fosse acabar com o uso de seres humanos, o trabalho de assistente acabou sendo muito amplo para que a IA pudesse entendê-lo.

Outras empresas adotam a abordagem da pseudo-IA como uma maneira de combinar o melhor da velocidade da IA e da flexibilidade humana. Várias empresas ofereceram reconhecimento de imagem híbrido, na qual, se a IA não tem certeza sobre uma imagem, ela é enviada para os seres humanos categorizarem. Um serviço de entrega de comida usa robôs movidos a inteligência artificial — mas seres humanos andando de bicicleta levam a comida dos restaurantes até os robôs, e a inteligência artificial só precisa ajudar os robôs a navegar por cinco a dez segundos entre os pontos de referência definidos por motoristas humanos remotos.[3] Outras empresas estão anunciando chatbots com IA híbrida: os clientes que começarem a conversar com uma IA serão transferidos para um ser humano assim que a conversa ficar complicada.

Isso pode funcionar bem se os clientes souberem quando estão lidando com um ser humano. Mas, às vezes, os clientes que pensavam que seus relatórios de despesas,[4] agendas pessoais[5] e correios de voz[6] estavam sendo tratados por uma IA impessoal ficaram chocados ao saber que funcionários humanos estavam vendo suas informações confidenciais — assim como os funcionários humanos quando viram que estavam recebendo números de telefone, endereços e números de cartão de crédito das pessoas.

Os chatbots de IA híbrida e pseudo-IA também têm suas próprias armadilhas potenciais. Toda interação remota se torna uma forma de Teste de Turing e, no ambiente altamente limitado e altamente baseado em scripts de uma interação de atendimento ao cliente, humanos e IAs podem ser difíceis de distinguir. Os seres humanos podem acabar sendo maltratados por outros humanos que pensam estar lidando com um bot. Os funcionários já se queixaram disso, incluindo um cujo trabalho era gerar transcrições em tempo real de telefonemas para clientes surdos e deficientes auditivos. Quando um humano cometia um erro, o cliente às vezes reclamava dos "computadores inúteis".[7]

Outro problema é que as pessoas acabam tendo a ideia errada do que a IA é capaz. Se algo afirma ser uma IA e depois começa a manter conversas em nível humano, identificando rostos e objetos em um nível humano de desempenho ou produzindo transcrições quase perfeitas, as pessoas podem assumir que as IAs realmente podem fazer essas coisas por conta própria. O governo chinês está se aproveitando disso[8] com seu sistema de vigilância nacional. Os especialistas concordam que não existe um sistema de reconhecimento facial capaz de identificar com precisão os trinta milhões de pessoas que a China tem em suas listas de observação. Em 2018, o jornal *The New York Times* informou que o governo ainda estava fazendo muito dos seus reconhecimentos faciais à moda antiga, usando humanos para olhar através de conjuntos de fotos e fazer combinações. O que eles dizem ao público, no entanto, é que estão usando IA avançada. Eles gostariam que as pessoas acreditassem que um sistema de vigilância nacional já é capaz de rastrear todos os seus movimentos. E, pelo visto, as pessoas acreditam amplamente neles. As taxas de criminalidade e de pedestres imprudentes caíram nas áreas onde as câmeras foram divulgadas e, quando disseram que o sistema havia visto seus crimes, alguns suspeitos até confessaram.

## BOT OU NÃO?

Então, considerando a quantidade de IAs que são parcial ou completamente substituídas por seres humanos, como podemos saber se estamos lidando com uma IA de verdade? Neste livro, já abordamos muitas das coisas que você verá a IA fazendo — e coisas que você não a verá fazer. Mas no mundo todo, você encontrará muitas afirmações exageradas a respeito do que a IA pode fazer, o que já está fazendo ou o que fará em breve. Pessoas tentando vender um produto ou sensacionalizar uma história farão manchetes exageradas como:

- A IA do Facebook inventa uma linguagem que os humanos não conseguem entender: o sistema foi desligado antes que evoluísse para Skynet[9].
- O aplicativo de triagem para babá, Predictim, usa IA para farejar ameaças[10].
- Eis o que Sophia, a primeira cidadã robô, pensa sobre gênero e consciência[11].
- Cérebro eletrônico de 30 toneladas na Universidade de P. pensa mais rápido que Einstein (1946).[12]

Neste livro, tentei deixar claro do que a IA é realmente capaz e o que é improvável que seja capaz de fazer. Manchetes como as mencionadas anteriormente são sinais de advertência gigantes — e neste livro eu dei muitas razões do porquê.

Aqui estão algumas perguntas a serem feitas ao avaliar afirmações a respeito da IA.

## 1. Quão amplo é o problema?

Como vimos ao longo deste livro, as IAs são melhores em problemas muito limitados e bem definidos. Jogar xadrez ou Baduk é limitado o suficiente para a IA. Identificar tipos específicos de imagens — reconhecer a presença de um rosto humano ou distinguir células saudáveis de um tipo específico de doença — também é provável de ser feito. Lidar com toda a imprevisibilidade de uma rua da cidade ou de uma conversa humana provavelmente está além de seu alcance — se tentar, poderá ter sucesso na maior parte do tempo, mas ocorrerão erros.

Obviamente, existem alguns problemas que ocupam áreas cinzentas. Uma IA pode ser capaz de classificar imagens médicas muito bem, mas se você enfiar uma foto de uma girafa no meio, provavelmente ficará confusa. Os chatbots de IA que se passam por humanos geralmente usam algum artifício — como, em um caso específico, fingir ser um garoto ucraniano de 11 anos com habilidades limitadas em inglês[13] — para explicar os *non sequiturs* ou sua incapacidade de lidar com a maioria dos tópicos. Outros chatbots de IA têm suas "conversas" em ambientes controlados, em que as perguntas são conhecidas — e as respostas são escritas por humanos — previamente. Se um problema pareceu exigir amplo entendimento ou contexto para ser resolvido, um humano provavelmente foi o responsável por fazê-lo.

## 2. De onde veio os dados de treinamento?

Às vezes, as pessoas exibem histórias "escritas por IA" que elas mesmas escreveram. Você pode se lembrar de uma piada viral no Twitter, em

2018, sobre um bot que assistiu a mil horas de comerciais do Olive Garden e gerou um script para um comercial novo. Uma pista de que a piada foi escrita por um ser humano foi que a descrição do que a IA aprendeu não corresponde ao que ela produziu. Se você der à IA vários vídeos para ela aprender, ela produzirá vídeos. Ela não será capaz de produzir um script com instruções de cena — a menos que haja outra IA, ou um humano, cuja função é transformar vídeos em scripts. A IA tinha um conjunto de exemplos para copiar ou uma função de adequação para maximizar? Se não tinha, então você provavelmente não está olhando para o produto de uma IA.

### 3. O problema requer muita memória?

Lembre-se, do Capítulo 2, que as IAs são melhores quando não precisam se lembrar muito de uma só vez. As pessoas estão melhorando isso o tempo todo, mas, por enquanto, um sinal de resposta gerada por IA é a falta de memória. As histórias escritas por IA costumam devanear, esquecendo-se de resolver pontos anteriores da trama, às vezes até esquecendo de terminar as frases. As IAs que jogam videogames complexos enfrentam dificuldades com estratégias de longo prazo. As IAs que mantêm conversas esquecerão as informações que você forneceu anteriormente, a menos que sejam explicitamente programadas para lembrar coisas como seu nome.

Uma IA que retoma piadas anteriores, que se mantém com um conjunto consistente de personagens e que acompanha os objetos em uma sala, provavelmente, teve muita ajuda da edição humana, no mínimo.

### 4. Ela está apenas copiando preconceitos humanos?

Mesmo se as pessoas realmente usarem a IA para resolver um problema, é possível que a IA não seja tão capaz quanto seus programadores afirmam. Por exemplo, se uma empresa afirma ter desenvolvido uma nova IA que pode vasculhar as mídias sociais de um candidato a emprego e decidir se essa pessoa é ou não confiável, devemos imediatamente fazer um sinal de advertência. Um trabalho como esse exigiria habilidades de linguagem no nível humano, com capacidade de lidar com memes, piadas, sarcasmo, referências a eventos atuais, sensibilidade cultural e muito mais. Em outras palavras, é uma tarefa para uma IA geral. Então, se ela está respondendo com classificações de cada candidato, em que está baseando suas decisões?

O CEO de um desses serviços, que em 2018 estava oferecendo triagens nas redes sociais de possíveis babás, disse ao blog *Gizmodo*: "Treinamos nosso produto, nossa máquina, nosso algoritmo para garantir que seja ético e não preconceituoso." Como evidência da falta de preconceito de sua IA, o CTO da empresa disse: "Nós não olhamos para a cor da pele, não olhamos para etnia, essas nem sequer são entradas algorítmicas. Não há como inserir isso no algoritmo em si." Mas, como vimos, existem várias maneiras de uma determinada IA perceber tendências que parecem ajudá-la a descobrir como os humanos se classificam — o CEP e até fotografias podem ser um indicador de raça, e a escolha de palavras pode fornecer pistas sobre coisas como gênero e classe social. Como uma possível indicação de problemas, quando um repórter do *Gizmodo* testou o serviço de triagem de babás, ele descobriu que seu amigo negro era considerado "desrespeitoso", enquanto seu amigo branco de boca suja era mais bem avaliado. Quando perguntado se a IA poderia ter percebido um preconceito sistêmico em seus dados de treinamento, o CEO admitiu que isso era possível, mas observou que eles adicionaram uma revisão humana para detectar erros como esse. A questão, então, é por que o serviço classificou esses dois amigos da maneira que o fez. A revisão humana não resolve necessariamente o problema de um algoritmo preconceituoso, já que o preconceito provavelmente veio dos seres humanos em primeiro lugar. E essa IA, em particular, não diz a seus clientes como foram tomadas suas decisões e, possivelmente, também não diz a seus programadores. Isso faz com que seja difícil recorrer de suas decisões.[14] Logo após o *Gizmodo* e outros reportarem o serviço deles, Facebook, Twitter e Instagram restringiram o acesso às mídias sociais da empresa, citando violações dos termos de serviço, e a empresa interrompeu seu lançamento planejado.[15]

Pode haver problemas semelhantes com as IAs que examinam candidatos a emprego, a exemplo da IA de seleção de currículos da Amazon que aprendeu a penalizar candidatas mulheres. As empresas que oferecem triagem de candidatos com IA apontam para estudos de caso de clientes que aumentaram significativamente a diversidade de suas contratações após o uso de IA.[16] Mas, sem testes cuidadosos, é difícil saber por quê. Uma seleção de currículo com IA pode ajudar a aumentar a diversidade, mesmo que recomende candidatos inteiramente ao acaso, se isso já for melhor do que o preconceito racial e/ou de gênero na contratação típica da empresa. E o que uma IA de exibição de vídeo faz em relação a candidatos com cicatrizes faciais, paralisia parcial ou cujas expressões faciais não correspondem às normas ocidentais e/ou neurotípicas?

Como o canal CNBC relatou em 2018, as pessoas já estão sendo aconselhadas a exagerar suas emoções para as IAs que selecionam vídeos de candidatos de emprego ou a usar uma maquiagem que facilite a leitura de seus rostos.[17] Se as IAs de rastreamento de emoções se tornarem mais prevalentes, rastreando multidões em busca de pessoas cujas microexpressões ou linguagem corporal desencadeiem alguma advertência, as pessoas podem ser obrigadas a atuar para elas, também.

O problema em pedir à IA que julgue as nuances da linguagem humana e dos seres humanos em si é que o trabalho é muito difícil. Para piorar a situação, as únicas regras que são simples e confiáveis o suficiente para serem entendidas podem ser aquelas — como preconceito e estereotipagem — que não devem ser usadas. É possível construir um sistema de IA que melhore em relação aos preconceitos humanos, mas isso não acontece sem muito trabalho deliberado e o preconceito pode se infiltrar mesmo com as melhores das intenções. Quando usamos a IA para serviços assim, não podemos confiar em suas decisões, não sem verificar seu trabalho.

Nenhuma emoção detectada.
Inadequado.
Meu chassi não lê
expressões faciais.
Nenhuma emoção detectada.
Inadequado.
Eu tenho uma vida
emocional rica.
Nenhuma emoção detectada.
Inadequado.
Meu último roteiro
fez as pessoas chorarem.
Nenhuma emoção detectada.
Inadequado.
Eu estou tendo uma
emoção agora mesmo.

CAPÍTULO 10

# Uma parceria Humano-IA

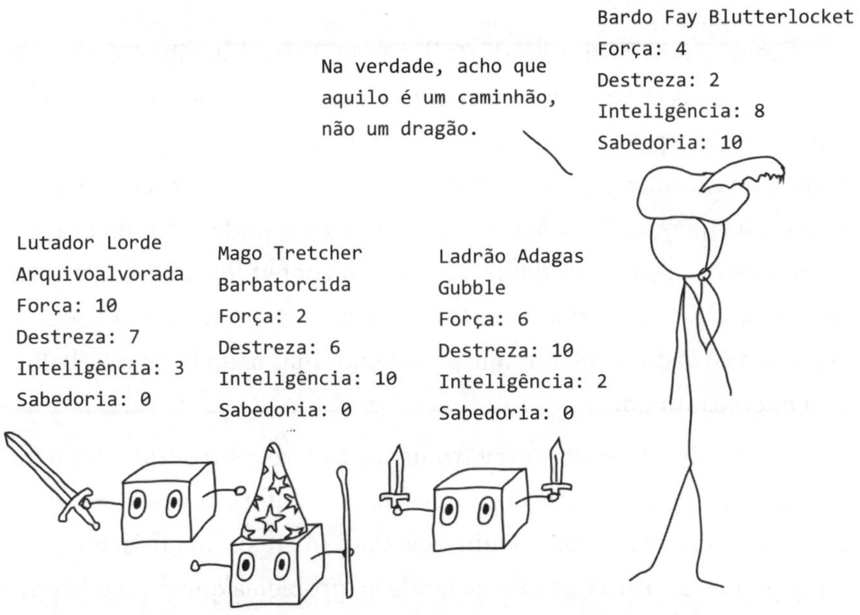


## IA INSTANTÂNEA: APENAS ADICIONE EXPERTISE HUMANA

Se há uma coisa que aprendemos com este livro, é que a IA não pode fazer muito sem os humanos. Se deixá-la agir por conta própria, na melhor das hipóteses, ela irá se debater de maneira ineficaz e, na pior das hipóteses, solucionará o problema errado — o que, como vimos, pode ter consequências devastadoras. Portanto, é improvável que a automatização com IA seja o fim do trabalho humano como o conhecemos. Uma visão muito mais provável para o futuro, mesmo com a difusão do uso da tecnologia avançada da IA, é aquela em que a IA e os seres humanos colaboram para resolver problemas e acelerar tarefas repetitivas. Neste capítulo, examinarei o que o futuro reserva para o trabalho conjunto da IA e dos seres humanos — e como podem criar parcerias de maneiras surpreendentes.

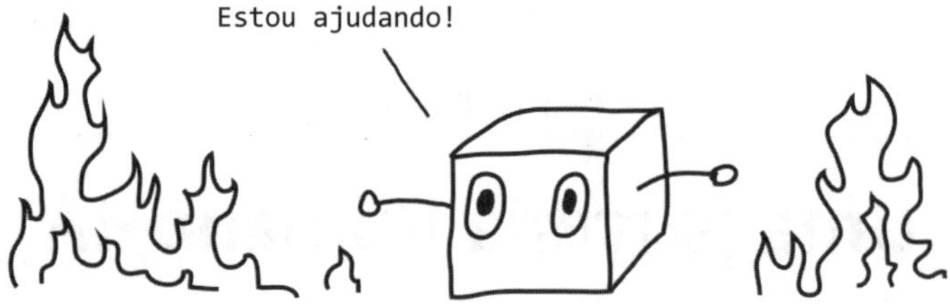


Como vimos ao longo deste livro, os seres humanos precisam garantir que a IA resolva os problemas certos. Esse trabalho envolve antecipar os tipos de erros que o aprendizado de máquina tende a cometer e garantir que eles sejam procurados — e até mesmo evitá-los desde o princípio. Escolher os dados corretos pode ser uma grande parte disso — vimos que dados confusos ou defeituosos podem causar problemas. E é claro que uma IA não tem como coletar seu próprio conjunto de dados. A menos que projetemos uma *outra* IA cujo trabalho seja encontrar dados.

Construir a IA é, em primeiro lugar, é claro, outro trabalho para os humanos. Uma mente vazia que absorve informações como uma esponja só existe na ficção científica. Para IAs reais, um humano precisa escolher a forma que corresponda ao problema que deve resolver. Estamos construindo algo que reconhecerá imagens? Algo que irá gerar novas cenas? Algo que irá prever números em uma planilha ou palavras em uma frase? Cada um desses problemas precisa de um tipo específico de IA. Se o problema for complexo, pode ser necessário que muitos algoritmos especializados trabalhem juntos para obter os melhores resultados. Novamente, um ser humano precisa escolher os subalgoritmos e configurá-los para que eles possam aprender juntos.

Muita engenharia humana também está presente no conjunto de dados. A IA chegará ainda mais longe se o programador humano puder configurar as coisas para que a IA tenha menos a fazer. Lembre-se das piadas de toc-toc do Capítulo 1 — a IA teria progredido muito mais rápido se não precisasse aprender toda a fórmula de batidas e respostas da piada, mas pudesse se concentrar apenas no preenchimento do bordão. Teria sido ainda melhor se tivéssemos começado com uma lista de palavras e frases existentes para usar na construção de trocadilhos. Para citar outro exemplo, as pessoas que sabem que suas IAs precisarão acompanhar informações em 3D podem ajudá-las ao construí-las com representações de objetos 3D em mente.[1] Limpar um conjunto de dados confuso para remover dados que distraem ou confundem também é uma parte importante da engenharia humana de conjuntos de dados. Lembra da IA do Capítulo 4, que gastou seu tempo tentando formatar números de ISBN em vez de gerar as receitas que deveria e copiou de maneira obediente os erros de digitação de seu conjunto de dados?

Nesse sentido, o aprendizado de máquina, na prática, acaba sendo um híbrido entre a programação baseada em regras, na qual um ser humano diz passo a passo ao computador como resolver um problema e o aprendizado de máquina aberto, no qual um algoritmo tem que resolver tudo. Um ser humano com um conhecimento muito especializado acerca de algo que o algoritmo está tentando resolver pode realmente ajudar o programa. Na verdade, às vezes (talvez até idealmente), o programador pesquisa o problema e descobre que agora o entende tão bem que já não precisa mais usar o aprendizado de máquina.

Obviamente, muita supervisão humana também pode ser contraproducente. Não apenas os humanos são lentos, mas, às vezes, também não sabemos qual é a melhor abordagem para um problema. Em uma circunstância, um grupo de pesquisadores tentou melhorar o desempenho de um algoritmo de reconhecimento de imagem incorporando mais ajuda humana.[2] Em vez de apenas rotular uma imagem como representando um cachorro, os pesquisadores pediram que os humanos clicassem na parte da imagem que, na verdade, continha o cachorro, então, eles programaram a IA para prestar atenção especial nessa parte. Essa abordagem faz sentido — a IA não deveria aprender mais rápido se as pessoas apontassem em qual parte da imagem ela deveria prestar atenção? Acontece que a IA *olharia* para o cãozinho se você a obrigasse — mas um pouquinho mais de influência a faria ter um desempenho muito pior. Ainda mais confusos, os pesquisadores não sabem exatamente o porquê. Talvez haja algo que não entendemos sobre o que realmente ajuda um algoritmo de reconhecimento de imagem a identificar algo. Talvez as pessoas que clicaram nas imagens nem mesmo entendam como elas reconhecem cães e clicaram nas partes das imagens que consideravam importantes (principalmente olhos e focinhos), e não nas partes que elas realmente usam para identificá-los. Quando os pesquisadores perguntaram à IA quais partes das imagens *ela* considerava importantes (olhando quais partes ativaram seus neurônios), era provável que destacassem as bordas do cachorro ou até mesmo o fundo da foto.

## MANUTENÇÃO

Outra coisa para a qual o aprendizado de máquina precisa dos seres humanos é a manutenção.

Depois que uma IA é treinada com dados do mundo real, o mundo pode mudar. O pesquisador de aprendizado de máquina Hector Yee relata que, por volta de 2008, alguns colegas lhe disseram que não havia necessidade de projetar uma nova IA para detectar carros em uma imagem — eles já tinham uma IA que funcionava muito bem. Mas quando Yee experimentou a IA deles em dados do mundo real, o desempenho foi terrível. Descobriu-se que a IA havia sido treinada em carros da década de 1980 e não sabia como reconhecer carros modernos.[3]

Vi equívocos semelhantes com o Visual Chatbot, o chatbot entusiasmado com girafas que vimos no Capítulo 4. Ele tem a tendência de identificar objetos portáteis (sabres de luz, armas, espadas) como controles remotos do Wii. Poderia ser um palpite razoável se ainda fosse 2006, quando o Wii estava no seu auge. Mais de uma década depois, no entanto, encontrar uma pessoa segurando um controle remoto do Wii está se tornando cada vez mais improvável.

Todo tipo de coisa pode mudar e bagunçar com uma IA. Como mencionei em um capítulo anterior, o fechamento de estradas ou até riscos como incêndios florestais podem não deter uma IA que apenas monitora o tráfego para recomendar o que considera ser um caminho melhor. Ou um novo tipo de lambreta poderia se tornar popular, afetando o algoritmo de detecção de perigos de um carro autônomo. Um mundo em mudança contribui para o desafio de projetar um algoritmo para entendê-lo.

As pessoas também precisam ser capazes de ajustar algoritmos para corrigir problemas recém-descobertos. Talvez haja um erro raro, mas catastrófico, que se desenvolva, como o que afetou a Siri por um breve período de tempo, fazendo-a responder aos usuários que diziam "Me chame uma ambulância" com "Ok, eu vou te chamar de 'ambulância' a partir de agora".[4]

Outro lugar em que precisamos da supervisão humana é na questão de detecção e correção de preconceitos. Para combater a tendência da IA de tomar decisões perpetuando preconceitos, os governos e outras organizações estão começando a exigir testes de preconceito como rotina. Como mencionei no Capítulo 7, em janeiro de 2019, o estado de Nova York emitiu uma notificação exigindo que as empresas de seguros de vida provassem que seus sistemas de IA não discriminam com base em raça, religião, país de origem ou outras categorias protegidas. O estado temia que tomar decisões de cobertura usando "indicadores externos de estilo de vida" — qualquer coisa desde o endereço residencial ao nível educacional — levaria uma IA a usar essas informações para discriminar de maneiras ilegais.[5] Em outras palavras, eles queriam evitar o mathwashing. Podemos ver uma reação contra esse tipo de teste de empresas que desejam que suas IAs permaneçam privadas ou mais difíceis de hackear ou que não desejam que os atalhos vergonhosos de suas IAs sejam revelados. Lembra da IA sexista de triagem de currículos da Amazon? A empresa descobriu o problema antes de usar a IA no mundo real e nos contou sobre isso como uma história que serve de alerta. Quantos outros algoritmos preconceituosos estão por aí agora fazendo o melhor que podem, mas fazendo errado?

## CUIDADO COM IAS QUE APRENDEM NO SERVIÇO

As IAs não são apenas ruins em perceber quando suas soluções brilhantes apresentam problemas, IAs e seus meios também podem interagir de maneiras infelizes. Um exemplo é o agora infame chatbot Microsoft Tay, um bot do Twitter baseado em aprendizado de máquina que foi projetado para aprender com os usuários que tuitaram com ele. O bot teve vida curta. "Infelizmente, nas primeiras 24 horas após ser colocado online", disse a Microsoft ao jornal *Washington Post*, "tomamos conhecimento de um esforço coordenado de alguns usuários para abusar das habilidades de comentário de Tay para que Tay respondesse de maneira inapropriada. Como resultado, tiramos Tay do ar e estamos fazendo ajustes".[6] Levou muito pouco tempo para os usuários ensinarem Tay a vomitar discursos de ódio e outros insultos. Tay não tinha nenhum senso interno de que tipo de discurso era ofensivo, fato que os vândalos estavam felizes em explorar. Na verdade, é notoriamente difícil sinalizar conteúdo ofensivo sem também sinalizar equivocadamente a discussão dos *efeitos* do conteúdo ofensivo. Sem uma boa maneira de reconhecer coisas ofensivas automaticamente, os algoritmos de aprendizado de máquina às vezes se esforçam demais para promovê-los, como aprendemos no Capítulo 5.

As IAs que completam automaticamente as consultas de mecanismos de pesquisa aprendem enquanto trabalham, e isso pode levar a resultados estranhos quando os humanos têm participação. O problema com os seres humanos é que, se o preenchimento automático de um mecanismo de pesquisa cometer um erro realmente hilário, os seres humanos tenderão a clicar nele, o que torna a IA ainda mais propensa a sugeri-lo ao próximo humano. Isso ficou notório em 2009 com a frase "Por que meu periquito não come minha diarreia?"[7]. Os seres humanos acharam essa pergunta sugerida tão hilária que logo a IA estava a sugerindo assim que as pessoas digitavam "por que meu". Provavelmente, um humano no Google teve que intervir manualmente para impedir que a IA sugerisse essa frase.

Como mencionei no Capítulo 7, também existem perigos se os algoritmos de policiamento preditivo aprenderem durante o serviço. Se um algoritmo perceber que há mais prisões em um bairro específico do que em outros, ele preverá que haverá mais prisões ali no futuro também. Se a polícia responder a essa previsão enviando mais policiais para a área, pode se tornar uma profecia autorrealizável: mais policiais nas ruas significa que, mesmo que a taxa real de criminalidade não seja mais alta do que em outros bairros, a polícia testemunhará mais crimes e fará mais prisões. Quando o algoritmo vir os novos dados sobre prisões, pode prever uma taxa maior ainda de prisões naquela vizinhança. Se a polícia responder aumentando sua presença no bairro, o problema só irá se intensificar. Obviamente, não é necessário uma IA para estar suscetível a esse tipo de feedback em loop — algoritmos muito simples e até os humanos também caem nessa.

Aqui está um ciclo de feedback em loop muito simples em ação: em 2011, um biólogo chamado Michael Eisen notou algo estranho quando um pesquisador em seu laboratório tentou comprar um livro específico sobre moscas das frutas.[8] O livro estava esgotado, mas ainda não era extremamente raro; havia cópias usadas disponíveis na Amazon por cerca de US$35. As duas cópias novas disponíveis, no entanto, custavam US$1.730.045,91 e US$2.198.177,95 (mais US$3,99 pela entrega). Quando Eisen checou novamente no dia seguinte, os dois livros haviam aumentado de preço, para quase US$2,8 milhões. Ao longo dos próximos dias, surgiu um padrão: pela manhã, a empresa que vendia o livro mais barato aumentaria seu preço, de modo que fosse exatamente 0,9983 vezes o preço do livro mais caro. À tarde, o preço do livro mais caro aumentaria para se tornar exatamente 1,270589 vez o preço do livro mais barato. Aparentemente, as duas empresas estavam usando algoritmos para definir os preços de seus livros. Ficou claro que uma empresa queria cobrar o máximo que podia enquanto ainda dispusesse do exemplar mais barato disponível. Mas qual foi a motivação da empresa que vendia o livro mais caro? Eisen notou que a empresa tinha avaliações muito boas e teorizou que ela estava contando com isso para induzir alguns clientes a pagar um preço um pouco mais alto pelo livro — nesse momento, encomendaria o livro da empresa mais barata e o enviaria para o cliente, embolsando o lucro. Após cerca de uma semana, os preços cada vez mais altos voltaram ao normal. Aparentemente, algum humano havia notado o problema e o corrigiu. Mas as empresas usam algoritmos de precificação não supervisionados o tempo todo. Uma vez, quando chequei a Amazon, havia vários livros de colorir sendo oferecidos por US$2.999 cada.

Portanto, os preços dos livros eram produtos de programas simples baseados em regras. Mas os algoritmos de aprendizado de máquina podem causar problemas de maneiras novas ainda mais emocionantes. Um artigo de 2018 mostrou que dois algoritmos de aprendizado de máquina em uma situação como a de precificação de livros citada anteriormente, cada um com a tarefa de definir um preço que maximize os lucros, podem aprender a conspirar entre si de uma maneira que é ao mesmo tempo altamente sofisticada e ilegal. Eles podem fazer isso sem serem explicitamente ensinados a conspirar e sem se comunicar diretamente entre si — de alguma forma, eles conseguem estabelecer um esquema de fixação de preços apenas observando os preços um do outro. Até agora, isso apenas foi demonstrado em uma simulação, não em um cenário real de precificação. Mas as pessoas estimaram que uma grande parte dos preços online está sendo definida por IAs autônomas, portanto a perspectiva de difusão da fixação de preços é preocupante. O conluio é ótimo para os vendedores — se todos cooperarem para estabelecer preços altos, os lucros aumentam —, mas é ruim para os consumidores. Mesmo sem querer, vendedores podem usar o potencial da IA para fazer coisas que são ilegais de forma explícita.[9] Essa é apenas outra face do fenômeno do mathwashing que apontei no Capítulo 7. Os seres humanos terão que garantir que suas IAs não estão sendo enganadas por agentes maliciosos ou acidentalmente tornando-se agentes maliciosos em si.

## DEIXE A IA LIDAR COM ISSO

O desempenho no nível humano é o padrão-ouro para muitos algoritmos de aprendizado de máquina. Afinal, na maior parte do tempo sua tarefa é imitar exemplos de seres humanos fazendo coisas: rotular imagens, filtrar e-mails, nomear porquinhos-da-índia. E, nos casos em que seu desempenho está mais ou menos no nível humano, eles podem (com supervisão) ser usados para substituir humanos em tarefas repetitivas ou entediantes. Vimos em capítulos anteriores que algumas organizações de notícias estão usando algoritmos de aprendizado de máquina para criar automaticamente artigos chatos, mas aceitáveis, sobre esportes ou mercado imobiliário. Um projeto chamado Quicksilver cria automaticamente rascunhos de artigos da Wikipédia sobre cientistas mulheres (que foram notavelmente sub-representadas na Wikipédia), economizando tempo dos editores voluntários. As pessoas que precisam gravar transcrições de áudio ou traduzir texto usam as versões de aprendizado de máquina (reconhecidamente com erros) como ponto de partida para suas próprias traduções. Os músicos podem empregar algoritmos de geração de música, usando-os para montar uma música original para se encaixar exatamente em espaço comercial para o qual a música não precisa ser excepcional, apenas barata. Em muitos casos, o papel humano é o de ser um editor.

E existem alguns trabalhos para os quais é preferível não usar humanos. É mais provável que as pessoas se abram sobre suas emoções ou revelem informações potencialmente estigmatizantes se acharem que estão conversando com um robô e não com um ser humano.[10, 11] (Por outro lado, os chatbots da área de saúde podem deixar passar problemas sérios de saúde.)[12] Bots também têm sido treinados para examinar imagens perturbadoras e sinalizar crimes em potencial (embora eles tendam a confundir cenas desertas com carne humana).[13] Até o crime em si pode ser mais facilmente cometido por um robô do que por um humano. Em 2016, a estudante de Harvard, Serena Booth, construiu um robô que deveria testar algumas teorias sobre se os humanos confiam demais nos robôs.[14] Booth construiu um robô simples de controle remoto e o fez dirigir-se até alguns alunos, pedindo permissão para acessar um dormitório trancado com cartão. Nessas circunstâncias, apenas 19% das pessoas o deixaram entrar no dormitório (curiosamente, esse número era um pouco maior quando os alunos estavam em grupos). No entanto, se o mesmo robô disse que estava entregando cookies, 76% das pessoas o deixavam entrar.

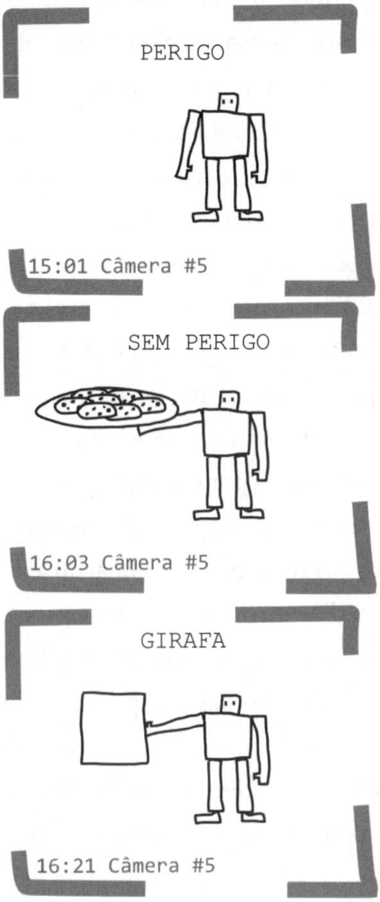

Como mencionei antes, algumas IAs podem também ser boas em crimes por conta do fenômeno de mathwashing. As decisões de uma IA podem se basear em relações complexas entre diversas variáveis, algumas das quais podem ser proxies para informações que não deveriam ter, como gênero ou raça. Isso adiciona uma camada de ofuscação que pode — intencionalmente ou não — permitir que ela escape embora esteja violando leis.

Tarefa: ~~cometer crimes~~
Brincar com os números e ver o que acontece.

Também existem muitos casos em que a IA é preferível porque excede o desempenho humano. Antes de mais nada, geralmente é muito mais rápida que os humanos. Em alguns jogos de computador multiplayer, quando a IA joga contra seres humanos, ela precisa ser freada para dar aos humanos uma chance de lutar. A IA também é mais consistente, para não dizer terrível, ao lidar com o inesperado. A IA pode, também, ser mais justa? Potencialmente. Um sistema alimentado por IA pode, pelo menos, ser testado quanto à justiça, por meio da execução de muitos testes de decisão e procurando correlações estatísticas que não deveriam existir. Ao ajustar cuidadosamente os dados de treinamento para fazer com que suas estatísticas correspondam ao mundo como *deveria* ser e não ao mundo como ele é, em muitos casos seria possível treinar uma IA cujas decisões são justas — pelo menos, muito mais justas do que as decisões de um humano comum.

## CRIATIVIDADE ALGORÍTMICA?

As músicas, filmes e livros do futuro serão escritos por IAs? Talvez; pelo menos, parcialmente.

A arte gerada pela IA pode ser surpreendente, estranha e perturbadora: tulipas transformando-se infinitamente; humanos com glitch e rostos parcialmente derretidos; céus cheios de cães delirantes. Um tiranossauro pode se transformar em flores ou frutas; a Mona Lisa pode assumir um sorriso bobo; um riff de piano pode se transformar em um solo de guitarra elétrica. O texto gerado pela IA pode assumir a qualidade da performance artística surrealista.

Quando solicitada com o seguinte texto: "Meus 10 animais favoritos são: 1.", a rede neural GPT-2 adicionou esta lista:

```
Meus 10 animais favoritos são:
1. zebras com uma cicatriz branca nas costas;
2. aranhas e polvos traiçoeiros;
3. sapo com folhas grandes, esperançosamente
   preto;
4. calopsita com escamas;
5. torda-mergulheira com asas penduradas a
   cerca de 10cm do rosto e uma tatuagem de
   coração em um sapo.
```

Como a solução de problemas de IA, a criatividade da IA provavelmente poderia ser melhor descrita como "auxiliada pela IA".

Para que uma GAN produza uma pintura, primeiro ela precisa de um conjunto de dados, e um humano escolhe o que esse conjunto de dados deve ser. Alguns dos resultados mais interessantes da GAN ocorrem quando os artistas fornecem aos algoritmos suas próprias pinturas ou suas próprias fotografias para aprender. A artista Anna Ridler, por exemplo, passou uma primavera tirando 10 mil fotos de tulipas e depois as usou para treinar uma GAN que produziu uma série interminável de tulipas quase fotorrealistas, cada listra da tulipa atrelada ao preço do Bitcoin. A artista e engenheira de software Helena Sarin produziu, com uma GAN, remixes interessantes de suas próprias aquarelas e esboços, transformando-os em híbridos cubistas ou com texturas estranhas. Outros artistas são inspirados a escolher conjuntos de dados existentes — como retratos ou paisagens renascentistas de domínio público — e ver o que uma GAN pode fazer com eles. A curadoria de um conjunto de dados também é um ato artístico — adicione mais estilos de pintura e poderá resultar em uma arte híbrida ou corrompida. Molde um conjunto de dados para um único ângulo, estilo ou tipo de iluminação, e a rede neural terá mais facilidade de correlacionar o que vê à produção de imagens mais realistas. Comece com um modelo treinado em um grande conjunto de dados e use a transferência de aprendizagem para se concentrar em um conjunto de dados menor, porém mais especializado, para obter ainda mais maneiras de ajustar os resultados.

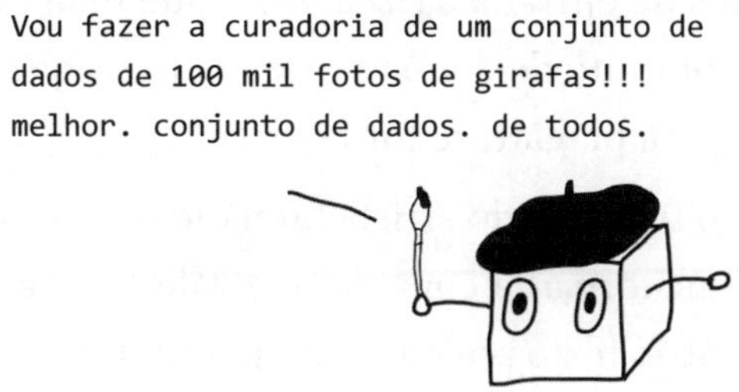

Vou fazer a curadoria de um conjunto de
dados de 100 mil fotos de girafas!!!
melhor. conjunto de dados. de todos.


As pessoas que treinam algoritmos geradores de textos também podem controlar seus resultados por meio de seus conjuntos de dados. O escritor de ficção científica Robin Sloan é um dos poucos escritores que faz experiências com texto gerado por redes neurais como uma forma de injetar imprevisibilidade em sua escrita.[15] Ele construiu uma ferramenta personalizada que responde às suas próprias frases, prevendo a próxima frase na sequência baseada em seu conhecimento de outras histórias de ficção científica, notícias de artigos científicos e até boletins de conservação. Demonstrando sua ferramenta em uma entrevista ao jornal *The New York Times*, Sloan lhe deu a frase "Os bisões estão reunidos ao redor do desfiladeiro", e ela respondeu com "pelo céu descoberto". Não era uma previsão perfeita, no sentido de que havia algo visivelmente errado na sentença do algoritmo. Mas, para os propósitos de Sloan, era deliciosamente estranha. Ele até rejeitou um modelo anterior que havia treinado com as histórias de ficção científica das décadas de 1950 e 1960, achando suas frases muito clichês.

Assim como a coleta dos conjuntos de dados, o treinamento da IA é um ato artístico. Quanto tempo o treinamento deve durar? Uma IA que não foi treinada completamente pode ser interessante às vezes, com falhas estranhas ou grafias adulteradas. Se a IA travar e começar a produzir textos ilegíveis ou artefatos visuais estranhos, como multiplicação de grades ou de cores saturadas (um processo conhecido como **colapso de modo**), o treinamento deveria recomeçar? Ou esse efeito até que é legal? Como em outros aplicativos, o artista também precisará prestar atenção para garantir que a IA não copie seus dados de entrada à risca. Até onde uma IA sabe, uma cópia exata de seu conjunto de dados é exatamente o que está sendo solicitado, portanto, irá plagiar, se for possível.

E, finalmente, é o trabalho do artista humano fazer a curadoria da produção da IA e transformá-la em algo que vale a pena. As GANs e os algoritmos de geração texto podem criar quantidades virtualmente infinitas de produções, e a maioria delas não é muito interessante. Algumas delas são até terríveis — lembre-se de que muitas redes neurais geradoras de texto não sabem o que suas palavras significam (estou olhando para você, rede neural que sugeriu nomear gatos como Sr. Tinkles e Retchion). Quando treino redes neurais para gerar texto, apenas uma pequena fração — um décimo ou um centésimo — dos resultados vale a pena mostrar. Estou sempre fazendo a curadoria dos resultados para apresentar uma história ou algum ponto interessante sobre o algoritmo ou o conjunto de dados.

Em alguns casos, selecionar a produção de uma IA pode ser um processo surpreendentemente envolvente. Usei a BigGAN no Capítulo 4 para mostrar como as redes neurais geradoras de imagens enfrentam dificuldades quando treinadas com imagens muito variadas — mas não falei sobre um de seus recursos mais interessantes: gerar imagens que são uma mistura de várias categorias.

Pense em "galinha" como um ponto no espaço e "cachorro" como um ponto no espaço. Se você seguir o caminho mais curto entre eles, passará por outros pontos no espaço que estão em algum lugar entre os dois, nos quais os galinha-cachorros têm penas, orelhas de abano e línguas pendentes. Comece em "cachorro", vá em direção a "bola de tênis" e você passará por uma região de esferas verdes felpudas com olhos pretos e narizes cutucáveis. Essa enorme paisagem visual multidimensional de possibilidades é chamada de **espaço latente**. E uma vez que o espaço latente da BigGAN estava acessível, os artistas começaram a mergulhar para explorar. Eles rapidamente encontraram coordenadas em que havia sobretudos cobertos de olhos e casacos trench coat cobertos de tentáculos, pássaros-cães com rostos angulares e com os dois olhos em um dos lados do rosto, vilarejos de hobbit perfeitos com portas redondas ornamentadas e nuvem de cogumelos flamejantes com rostos de filhotes alegres. (Como o ImageNet contém muitos cachorros, como se vê, o espaço latente da BigGAN também está cheio de cães.) Os métodos de navegação no espaço latente se tornam, por si só, escolhas artísticas. Deveríamos viajar em linhas retas ou em curvas? Deveríamos manter nossos locais próximos ao nosso ponto de origem ou nos permitir desviar para cantos remotos? Cada uma dessas opções afeta drasticamente o que vemos. As categorias utilitárias do ImageNet mesclam-se em uma estranheza total.

Toda essa arte é gerada pela IA? Certamente. Mas é a IA que está fazendo o trabalho criativo? Nem de longe. As pessoas que afirmam que suas IAs são as artistas estão exagerando as capacidades das IAs — e subestimando suas próprias contribuições artísticas, assim como as das pessoas que criaram os algoritmos.

CONCLUSÃO

# Vida entre nossos amigos artificiais

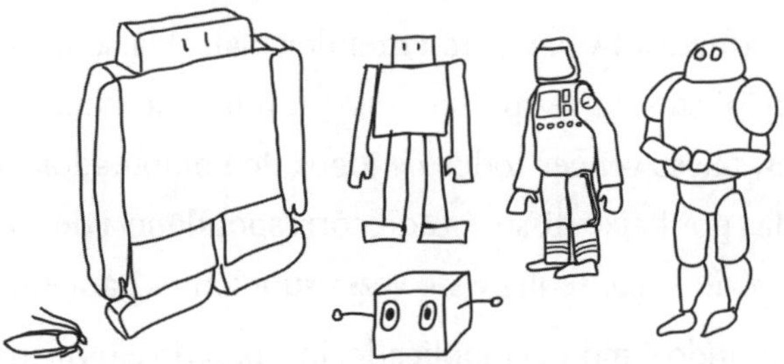

Ao longo dessas páginas, vimos várias maneiras diferentes por meio das quais a IA pode nos surpreender.

Uma vez dado um problema para resolver e liberdade suficiente para resolvê-lo, as IAs podem encontrar soluções que seus programadores nunca sonharam existir. Encarregada de caminhar do ponto A ao ponto B, uma IA pode decidir se configurar em uma torre e desmoronar sobre o ponto. Ela pode decidir viajar girando em círculos apertados ou se contorcendo pelo chão. Se a treinarmos em simulações, ela pode invadir a própria estrutura de seu universo, descobrindo maneiras de explorar falhas físicas para obter habilidades sobre-humanas. Atenderá instruções literalmente: quando instruídas a evitar colisões, recusam-se a se mover; quando solicitada a evitar perder um videogame, ela encontrará o botão Pausar e congelará o jogo para sempre. Ele encontrará padrões ocultos em seus dados de treinamento, até mesmo padrões que seus programadores não esperavam. Alguns dos padrões podem ser aqueles que não queríamos que imitassem, como os preconceitos. As IAs modulares podem ser conectadas em sequência, cooperando para realizar tarefas que nenhuma IA isolada poderia enfrentar sozinha, agindo como um celular cheio de aplicativos ou mesmo um enxame de abelhas.

À medida que a IA se torna cada vez mais capaz, ela ainda não saberá o que queremos. Ela ainda *tentará* fazer o que queremos. Mas sempre haverá uma possível desconexão entre o que queremos que a IA faça e o que pedimos para ela fazer. Será que ela ficará inteligente o suficiente para entender a nós e ao nosso mundo assim como outro humano faria — ou até mesmo nos superar? Provavelmente não em nosso tempo de vida. No futuro próximo, o perigo não será que a IA é inteligente demais, mas que não é inteligente o suficiente.

Na superfície, a IA parecerá entender mais. Ela será capaz de gerar cenas fotorrealistas, talvez pintar cenas inteiras de filmes com texturas exuberantes, talvez vencer todos os jogos de computador que podemos dar a ela. Mas por baixo disso, é tudo correspondência de padrões. Ela só sabe o que já viu e que tenha visto vezes suficientes para entender.

Nosso mundo é muito complicado, inesperado e bizarro demais para uma IA ter visto tudo durante o treinamento. A ema vai escapar, as crianças começarão a usar fantasias de barata e as pessoas perguntarão sobre girafas, mesmo quando não há nenhuma presente. A IA nos entenderá mal porque não tem o contexto para saber o que realmente queremos que ela faça.

Para avançar da melhor maneira com a IA, teremos que entendê-la — entender como escolher os problemas certos para ela resolver, como antecipar seus mal-entendidos e como impedir que ela copie o pior do que encontra em dados humanos. Há todos os motivos para ser otimista em relação à IA e todos os motivos para ser cauteloso. Tudo depende de quão bem a usamos.

E cuidado com essas girafas escondidas.

# Agradecimentos

Este livro não existiria sem o trabalho árduo, a intuição e a generosidade de várias pessoas que tenho o prazer de agradecer aqui.

Um enorme agradecimento à equipe da Voracious, cujo trabalho duro transformou meu amplo e sinuoso documento em uma coisa que eu amo. As edições de copidesque de Barbara Clark melhoraram imensamente este livro, cuja leitura está mais leve graças à remoção de uma tonelada métrica de "na verdade". Agradeço especialmente à minha editora, Nicky Guerreiro, que me enviou um e-mail do nada para dizer que era sua quinta gargalhada sufocante em seu escritório de plano aberto, e se já eu tinha pensado em como meu blog poderia se transformar em um livro. Sem o incentivo e a visão aguçada de Nicky, este livro não teria o escopo e a coragem que ele contém.

Agradecimentos calorosos também a meu agente, Eric Lupfer, da Fletcher and Company, por orientar alegremente uma autora iniciante nas várias etapas de transformar um blog em um livro.

A primeira vez que ouvi falar sobre aprendizado de máquina foi em 2002, quando Erik Goodman deu uma palestra fascinante sobre algoritmos evolutivos para os calouros da Universidade Estadual de Michigan. Eu acho que as anedotas sobre algoritmos quebrando simulações e resolvendo o problema errado realmente me marcaram! Obrigada por despertar esse interesse cedo — isso me levou a tanta alegria.

Agradeço aos meus amigos e familiares, que me incentivaram durante esse longo processo, que ouviram as minhas palestras de treino, riram de minhas piadas e que estavam sempre prontos para me ajudar a recarregar com algumas músicas, caminhadas ou experimentos culinários.

E, finalmente, obrigado a todos os meus leitores e seguidores no aiweirdness.com, que já transformaram em realidade tantas das minhas experiências estranhas com IA — os padrões de tricô, os biscoitos, o esmalte de unhas, os shows burlescos, as criaturas estranhas, os nomes absurdos de gatos, os nomes de cerveja e até a ópera. Olha o que fizemos agora! Que as girafas estejam sempre com você.

# Notas

## INTRODUÇÃO


1. Caroline O'Donovan et al., "We Followed YouTube's Recommendation Algorithm Down the Rabbit Hole", *BuzzFeed News*, 24 de janeiro de 2019, disponível em: https://www.buzzfeednews.com/article/carolineodonovan/down-youtubes-recommendation-rabbithole.


## CAPÍTULO 1: O QUE É IA?


1. Joel Lehman et al., "The Surprising Creativity of Digital Evolution: A Collection of Anecdotes from the Evolutionary Computation and Artificial Life Research Communities", ArXiv:1803.03453 [Cs], 9 de março de 2018, disponível em: http://arxiv.org/abs/1803.03453.
2. Neel V. Patel, "Why Doctors Aren't Afraid of Better, More Efficient AI Diagnosing Cancer", *The Daily Beast*, 11 de dezembro de 2017, disponível em: https://www.thedailybeast.com/why-doctors-arent-afraid-of-better-more-efficient-ai-diagnosing-cancer.
3. Jeff Larson et al., "How We Analyzed the COMPAS Recidivism Algorithm", *ProPublica*, 23 de maio de 2016, disponível em: https://www.propublica.org/article/how-we-analyzed-the-compas-recidivism-algorithm.
4. Chris Williams, "AI Guru Ng: Fearing a Rise of Killer Robots Is Like Worrying about Overpopulation on Mars", *The Register*, 19 de março de 2015, disponível em: https://www.theregister.co.uk/2015/03/19/andrew_ng_baidu_ai/.
5. Marianne Bertrand e Sendhil Mullainathan, "Are Emily and Greg More Employable Than Lakisha and Jamal? A Field Experiment on Labor Market Discrimination", *American Economic Review* 94, n. 4 (setembro de 2004): pp. 991–1013, disponível em: https://doi.org/10.1257/0002828042002561.


## CAPÍTULO 2: IA ESTÁ EM TODO LUGAR, MAS ONDE EXATAMENTE?


1. Stephen Chen, "A Giant Farm in China Is Breeding 6 Billion Cockroaches a Year. Here's Why", *South China Morning Post*, 19 de abril de 2018, disponível em: https://www.scmp.com/news/china/society/article/2142316/giant-indoor-farm-china-breeding-six-billion-cockroaches-year.
2. Heliograf, "High School Football This Week: Einstein at Quince Orchard", *Washington Post*, 13 de outubro de 2017, disponível em: https://www.washingtonpost.com/allmetsports/2017-fall/games/football/87408/.

3. Li L'Estrade, "MittMedia Homeowners Bot Boosts Digital Subscriptions with Automated Articles", International News Media Association (INMA), 18 de junho de 2018, disponível em: https://www.inma.org/blogs/ideas/post.cfm/mittmedia-homeowners-bot-boosts-digital-subscriptions-with-automated-articles.

4. Jaclyn Peiser, "The Rise of the Robot Reporter", *The New York Times*, 5 de fevereiro de 2019, disponível em: https://www.nytimes.com/2019/02/05/business/media/artificial-intelligence-journalism-robots.html.

5. Christopher J. Shallue e Andrew Vanderburg, "Identifying Exoplanets with Deep Learning: A Five Planet Resonant Chain around Kepler-80 and an Eighth Planet around Kepler-90", *The Astronomical Journal* 155, n. 2 (30 de janeiro de 2018): 94, disponível em: https://doi.org/10.3847/1538-3881/aa9e09.

6. R. Benton Metcalf et al., "The Strong Gravitational Lens Finding Challenge", *Astronomy & Astrophysics* 625 (maio de 2019): A119, disponível em: https://doi.org/10.1051/0004-6361/201832797.

7. Avi Bagla, "#StarringJohnCho Level 2: Using DeepFakes for Representation", vídeo no YouTube, postado em 9 de abril de 2018, disponível em: https://www.youtube.com/watch?v=hlZkATlqDSM&feature=youtu.be.

8. Tom Simonite, "Facebook Built the Perfect Chatbot but Can't Give It to You Yet", *MIT Technology Review*, 14 de abril de 2017, disponível em: https://www.technologyreview.com/s/604117/facebooks-perfect-impossible-chatbot/.

9. Ibid.

10. Casey Newton, "Facebook Is Shutting Down M, Its Personal Assistant Service That Combined Humans and AI", *The Verge*, 8 de janeiro de 2018, disponível em: https://www.theverge.com/2018/1/8/16856654/facebook -m-shutdown-bots-ai.

11. Andrew J. Hawkins, "Inside Waymo's Strategy to Grow the Best Brains for Self-Driving Cars", *The Verge*, 9 de maio de 2018, disponível em: https://www.theverge.com/2018/5/9/17307156/google-waymo-driverless-cars-deep-learning-neural-net-interview.

12. "OpenAI Five", OpenAI, acessado em 3 de agosto de 2019, disponível em: https://openai.com/five/.

13. Katyanna Quatch, "OpenAI Bots Smashed in Their First Clash against Human Dota 2 Pros", *The Register*, 23 de agosto de 2018, disponível em: https://www.theregister.co.uk/2018/08/23/openai_bots_defeated/.

14. Tom Murphy (@tom7), Twitter, 23 de agosto de 2018, disponível em: https://twitter.com/tom7/status/1032756005107580929.

15. Mike Cook (@mtrc), Twitter, 23 de agosto de 2018, https://twitter.com/mtrc/status/1032783369254432773.

16. Tom Murphy, "The First Level of Super Mario Bros. Is Easy with Lexicographic Orderings and Time Travel... After That It Gets a Little Tricky" (artigo científico, Carnegie Melon University), 1º de abril de 2013, disponível em: http://www.cs.cmu.edu/~tom7/mario/mario.pdf.

17. Benjamin Solnik et al., "Bayesian Optimization for a Better Dessert" (artigo apresentado no Workshop de Otimização Bayesiana no NIPS de 2017, Long Beach, Califórnia, em 9 de dezembro de 2017), disponível em: https://bayesopt.github.io/papers/2017/37.pdf.

18. Sarah Kimmorley, "We Tasted the 'Perfect' Cookie Google Took 2 Months and 59 Batches to Create — and It Was Terrible", *Business Insider Australia*,

31 de maio de 2018, disponível em: https://www.businessinsider.com.au/google-smart-cookie-ai-recipe-2018-5.

19. Andrew Krok, "Waymo's Self-Driving Cars Are Far from Perfect, Report Says", *Roadshow*, 28 de agosto de 2018, disponível em: https://www.cnet.com/roadshow/news/waymo-alleged-tech-troubles-report/.

20. C. Lv et al., "Analysis of Autopilot Disengagements Occurring during Autonomous Vehicle Testing", *IEEE/CAA Journal of Automatica Sinica* 5, n. 1 (janeiro de 2018): pp. 58–68, disponível em: https://doi.org/10.1109/JAS.2017.7510745.

21. Andrew Krok, "Uber Self-Driving Car Saw Pedestrian 6 Seconds before Crash, NTSB Says", *Roadshow*, 24 de maio de 2018, disponível em: https://www.cnet.com/roadshow/news/uber-self-driving-car-ntsb-preliminary-report/.

22. Fred Lambert, "Tesla Elaborates on Autopilot's Automatic Emergency Braking Capacity over Mobileye's System", *Electrek* (blog), 2 de julho de 2016, disponível em: https://electrek.co/2016/07/02/tesla-autopilot-mobileye-automatic-emergency-braking/.

23. Naaman Zhou, "Volvo Admits Its Self-Driving Cars Are Confused by Kangaroos", *The Guardian*, 1º de julho de 2017, disponível em: https://www.theguardian.com/technology/2017/jul/01/volvo-admits-its-self-driving-cars-are-confused-by-kangaroos.

## CAPÍTULO 3: Como ela realmente aprende?

1. Ian Goodfellow, Yoshua Bengio e Aaron Courville, *Deep Learning* (Cambridge, Massachusetts: The MIT Press, 2016).

2. Sean McGregor et al., "FlareNet: A Deep Learning Framework for Solar Phenomena Prediction" (artigo apresentado na 31ª Conference on Neural Information Processing Systems, Long Beach, Califórnia, em 8 de dezembro de 2017), disponível em: https://dl4physicalsciences.github.io/files/nips_dlps_2017_5.pdf.

3. Alec Radford, Rafal Jozefowicz e Ilya Sutskever, "Learning to Generate Reviews and Discovering Sentiment", ArXiv:1704.01444 [Cs], 5 de abril de 2017, disponível em: http://arxiv.org/abs/1704.01444.

4. Andrej Karpathy, "The Unreasonable Effectiveness of Recurrent Neural Networks", Andrej Karpathy Blog, 21 de maio de 2015, disponível em: http://karpathy.github.io/2015/05/21/rnn-effectiveness/.

5. Chris Olah et al., "The Building Blocks of Interpretability", *Distill* 3, n. 3 (6 de março de 2018): e10, disponível em: https://doi.org/10.23915/distill.00010.

6. David Bau et al., "GAN Dissection: Visualizing and Understanding Generative Adversarial Networks" (artigo apresentado na International Conference on Learning Representations, de 6 a 9 de maio de 2019), disponível em: https://gandissect.csail.mit.edu/.

7. "Botnik Apps", Botnik, acessado em 3 de agosto de 2019, disponível em: http://botnik.org/apps.

8. Paris Martineau, "Why Google Docs Is Gaslighting Everyone about Spelling: An Investigation", *The Outline*, 7 de maio de 2018, disponível em: https://theoutline.com/post/4437/why-google-docs-thinks-real-words-are-misspelled.

9. Shaokang Zhang et al., "Zoonotic Source Attribution of *Salmonella enterica* Serotype Typhimurium Using Genomic Surveillance Data, United States", *Emerging Infectious Diseases* 25, n. 1 (2019): pp. 82–91, disponível em: https://doi.org/10.3201/eid2501.180835.

10. Ian J. Goodfellow et al., "Generative Adversarial Networks", ArXiv:1406.2661 [Cs, Stat], 10 de junho de 2014, disponível em: http://arxiv.org/abs/1406.2661.

11. Ahmed Elgammal et al., "CAN: Creative Adversarial Networks, Generating 'Art' by Learning About Styles and Deviating from Style Norms", ArXiv:1706.07068 [Cs], 21 de junho de 2017, disponível em: http://arxiv.org/abs/1706.07068.

12. Beckett Mufson, "This Artist Is Teaching Neural Networks to Make Abstract Art", *Vice,* 22 de maio de 2016, disponível em: https://www.vice.com/en_us/article/yp59mg/neural-network-abstract-machine-paintings.

13. David Ha e Jürgen Schmidhuber, "World Models", Zenodo, 28 de março de 2018, disponível em: https://doi.org/10.5281/zenodo.1207631.

## CAPÍTULO 4: ELA ESTÁ TENTANDO!

1. Tero Karras, Samuli Laine e Timo Aila, "A Style-Based Generator Architecture for Generative Adversarial Networks", ArXiv:1812.04948 [Cs, Stat], 12 de dezembro de 2018, disponível em: http://arxiv.org/abs/1812.04948.

2. Emily Dreyfuss, "A Bot Panic Hits Amazon Mechanical Turk", *Wired,* 17 de agosto de 2018, disponível em: https://www.wired.com/story/amazon-mechanical-turk-bot-panic/.

3. "COCO Dataset", COCO: Common Objects in Context, http://cocodataset.org/#download. As imagens usadas durante o treinamento foram do treinamento de 2014 + avaliações **(val)** de 2014 , para um total de 124 mil imagens. Cada caixa de diálogo tinha 10 perguntas. https://visualdialog.org/data diz que há 364 milhões de diálogos no conjunto de treinamento; portanto, cada imagem foi encontrada 364 /1,24 = 293,5 vezes.

4. Hawkins, "Inside Waymo's Strategy".

5. Tero Karras et al., "Progressive Growing of GANs for Improved Quality, Stability, and Variation", ArXiv:1710.10196 [Cs, Stat], 27 de outubro de 2017, disponível em: http://arxiv.org/abs/1710.10196.

6. Karras, Laine e Aila, "A Style-Based Generator Architecture".

7. Melissa Eliott (0xabad1dea), "How Math Can Be Racist: Giraffing", Tumblr, 31 de janeiro de 2019, disponível em: https://abad1dea.tumblr.com/post/182455506350/how-math-can-be-racist-giraffing.

8. Corinne Purtill e Zoë Schlanger, "Wikipedia Rejected an Entry on a Nobel Prize Winner Because She Wasn't Famous Enough", *Quartz,* 2 de outubro de 2018, disponível em: https://qz.com/1410909/wikipedia-had-rejected-nobel-prize-winner-donna-strickland-because-she-wasnt-famous-enough/.

9. Jon Christian, "Why Is Google Translate Spitting Out Sinister Religious Prophecies?" *Vice,* 20 de julho de 2018, disponível em: https://www.vice.com/en_us/article/j5npeg/why-is-google-translate-spitting-out-sinister-religious-prophecies.

10. Nicholas Carlini et al., "The Secret Sharer: Evaluating and Testing Unintended Memorization in Neural Networks" ArXiv:1802.08232 [Cs], 22 de fevereiro de 2018, disponível em: http://arxiv.org/abs/1802.08232.

11. Jonas Jongejan et al., "Quick, Draw! The Data" (conjunto de dados para o jogo online Quick, Draw!), acessado em 3 de agosto de 2019, disponível em: https://quickdraw.withgoogle.com/data.

12. Jon Englesman (@engelsjk), Google AI Quickdraw Visualizer (web demo), Github, acessado em 3 de agosto de 2019, disponível em: https://engelsjk.github.io/web-demo-quickdraw-visualizer/.

13. Gretchen McCulloch, "Autocomplete Presents the Best Version of You", *Wired,* 11 de fevereiro de 2019, disponível em: https://www.wired.com/story/autocomplete-presents-the-best-version-of-you/.

14. Abhishek Das et al., "Visual Dialog", ArXiv:1611.08669 [Cs], 26 de novembro de 2016, disponível em: http://arxiv.org/abs/1611.08669.

## CAPÍTULO 5: O QUE VOCÊ ESTÁ REALMENTE PEDINDO?

1. @citizen_of_now, Twitter, 15 de março de 2018, disponível em: https://twitter.com/citizen_of_now/status/974344339815129089.

2. Doug Blank (@DougBlank), Twitter, 13 de abril de 2018, disponível em: https://twitter.com/DougBlank/status/984811881050329099.

3. @Smingleigh, Twitter, 7 de novembro de 2018, disponível em: https://twitter.com/Smingleigh/status/1060325665671692288.

4. Christine Barron, "Pass the Butter // Pancake Bot", Unity Connect, janeiro de 2018, disponível em: https://connect.unity.com/p/pancake-bot.

5. Alex Irpan, "Deep Reinforcement Learning Doesn't Work Yet", Sorta Insightful (blog), 14 de fevereiro de 2018, disponível em: https://www.alexirpan.com/2018/02/14/rl-hard.html.

6. Sterling Crispin (@sterlingcrispin), Twitter, 16 de abril de 2018, disponível em: https://twitter.com/sterlingcrispin/status/985967636302327808.

7. Sara Chodosh, "The Problem with Cancer-Sniffing Dogs", 4 de outubro de 2016, *Popular Science,* disponível em: https://www.popsci.com/problem-with-cancer-sniffing-dogs/.

8. Wikipédia, s.v. "Anti-Tank Dog", última atualização em 29 de junho de 2019, disponível em: https://en.wikipedia.org/w/index.php?title=Anti-tank_dog&oldid=904053260.

9. Anuschka de Rohan, "Why Dolphins Are Deep Thinkers", *The Guardian,* 3 de julho de 2003, disponível em: https://www.theguardian.com/science/2003/jul/03/research.science.

10. Sandeep Jauhar, "When Doctor's Slam the Door", *New York Times Magazine,* 16 de março de 2003, disponível em: https://www.nytimes.com/2003/03/16/magazine/when-doctor-s-slam-the-door.html.

11. Joel Rubin (@joelrubin), Twitter, 6 de dezembro de 2017, disponível em: https://twitter.com/joelrubin/status/938574971852304384.

12. Joel Simon, "Evolving Floorplans", joelsimon.net, acessado em 3 de agosto de 2019, disponível em: http://www.joelsimon.net/evo_floorplans.html.

13. Murphy, "First Level of Super Mario Bros".

14. Tom Murphy (suckerpinch), "Computer Program that Learns to Play Classic NES Games", vídeo do YouTube, postado em 1º de abril de 2013, disponível em: https://www.youtube.com/watch?v=xOCurBYI_gY.

15. Murphy, "First Level of Super Mario Bros".

16. Jack Clark e Dario Amodei, "Faulty Reward Functions in the Wild", OpenAI, 22 de dezembro de 2016, disponível em: https://openai.com/blog/faulty-reward-functions/.

17. Bitmob, "Dimming the Radiant AI in Oblivion", *VentureBeat* (blog), 17 de dezembro de 2010, disponível em: https://venturebeat.com/2010/12/17/dimming-the-radiant-ai-in-oblivion/.

18. cliffracer333, "So what happened to Oblivion's npc 'goal' system that they used in the beta of the game. Is there a mod or a way to enable it again?" Fórum do Reddit, 10 de junho de 2016, disponível em: https://www.reddit.com/r/oblivion/comments/4nimvh/so_what_happened_to_oblivions_npc_goal_system/.

19. Sindya N. Bhanoo, "A Desert Spider with Astonishing Moves", *The New York Times*, 4 de maio de 2014, disponível em: https://www.nytimes.com/2014/05/06/science/a-desert-spider-with-astonishing-moves.html.

20. Lehman et al., "The Surprising Creativity of Digital Evolution".

21. Jette Randlov e Preben Alstrom, "Learning to Drive a Bicycle Using Reinforcement Learning and Shaping", Anais do 15º *International Conference on Machine Learning, ICML '98* (São Francisco, Califórnia: Morgan Kaufmann Publishers Inc., 1998), pp. 463–471, disponível em: http://dl.acm.org/citation.cfm?id=645527.757766.

22. Yuval Tassa et al., "DeepMind Control Suite", ArXiv:1801.00690 [Cs], 2 de janeiro de 2018, disponível em: http://arxiv.org/abs/1801.00690.

23. Benjamin Recht, "Clues for Which I Search and Choose", arg min blog, 20 de março de 2018, disponível em: http://benjamin-recht.github.io/2018/03/20/mujocoloco/.

24. @citizen_of_now, Twitter, 15 de março de 2018, disponível em: https://twitter.com/citizen_of_now/status/974344339815129089.

25. Westley Weimer, "Advances in Automated Program Repair and a Call to Arms", *Search Based Software Engineering*, ed. Günther Ruhe e Yuanyuan Zhang (Berlin e Heidelberg: Springer, 2013), 1–3.

26. Lehman, et al., "The Surprising Creativity of Digital Evolution".

27. Yuri Burda et al., "Large-Scale Study of Curiosity-Driven Learning", ArXiv:1808.04355 [Cs, Stat], 13 de agosto de 2018, disponível em: http://arxiv.org/abs/1808.04355.

28. A. Baranes e P.-Y. Oudeyer, "R-IAC: Robust Intrinsically Motivated Exploration and Active Learning", *IEEE Transactions on Autonomous Mental Development* 1, n. 3 (outubro de 2009): 155–169, disponível em: https://doi.org/10.1109/TAMD.2009.2037513.

29. Devin Coldewey, "This Clever AI Hid Data from Its Creators to Cheat at Its Appointed Task", *TechCrunch*, 31 de dezembro de 2018, disponível em: http://social.techcrunch.com/2018/12/31/this-clever-ai-hid-data-from-its-creators-to-cheat-at-its-appointed-task/.

30. "YouTube Now: Why We Focus on Watch Time", YouTube Creator Blog, 10 de agosto de 2012, disponível em: https://youtube-creators.googleblog.com/2012/08/youtube-now-why-we-focus-on-watch-time.html.

31. Guillaume Chaslot (@gchaslot), Twitter, 9 de fevereiro de 2019, disponível em: https://twitter.com/gchaslot/status/1094359568052817920?s=21.

32. "Continuing Our Work to Improve Recommendations on YouTube", Official YouTube Blog, 25 de janeiro de 2019, disponível em: https://youtube.googleblog.com/2019/01/continuing-our-work-to-improve.html.

## CAPÍTULO 6: HACKEANDO A MATRIX, OU A IA ENCONTRA UM CAMINHO


1. Doug Blank (@DougBlank), Twitter, 15 de março de 2018, disponível em: https://twitter.com/DougBlank/status/974244645214588930.
2. Nick Stenning (@nickstenning), Twitter, 9 de abril de 2018, disponível em: https://twitter.com/DougBlank/status/974244645214588930
3. Christian Gagné et al., "Human-Competitive Lens System Design with Evolution Strategies", *Applied Soft Computing* 8, n. 4 (1º de setembro de 2008): 1439–52, disponível em: https://doi.org/10.1016/j.asoc.2007.10.018.
4. Lehman, et al. "The Surprising Creativity of Digital Evolution".
5. Karl Sims, "Evolving 3D Morphology and Behavior by Competition", *Artificial Life* 1, n. 4 (1º de julho de 1994): 353–72, disponível em: https://doi.org/10.1162/artl.1994.1.4.353.
6. Karl Sims, "Evolving Virtual Creatures", Anais da 21ª *Annual Conference on Computer Graphics and Interactive Techniques, SIGGRAPH '94* (Nova York: ACM, 1994), pp. 15–22, disponível em: https://doi.org/10.1145 /192161.192167.
7. Lehman et al., "The Surprising Creativity of Digital Evolution".
8. David Clements (@davecl42), Twitter, 18 de março de 2018, disponível em: https://twitter.com/davecl42/status/975406071182479361.
9. Nick Cheney et al., "Unshackling Evolution: Evolving Soft Robots with Multiple Materials and a Powerful Generative Encoding", *ACM SIGEVOlution* 7, n. 1 (agosto de 2014): pp. 11–23, disponível em: https://doi.org/10.1145/2661735.2661737.
10. John Timmer, "Meet Wolbachia: The Male-Killing, Gender-Bending, Gonad-Eating Bacteria", *Ars Technica*, 24 de outubro de 2011, disponível em: https://arstechnica.com/science/news/2011/10/meet-wolbachia-the-male-killing-gender-bending-gonad-chomping-bacteria.ars.
11. @forgek_, Twitter, 10 de outubro de 2018, disponível em: https://twitter.com/forgek_/status/1050045261563813888.
12. R. Feldt, "Generating Diverse Software Versions with Genetic Programming: An Experimental Study", Anais da *IEE — Software* 145, n. 6 (dezembro de 1998): pp. 228–236, disponível em: https://doi.org/10.1049/ip-sen:19982444.
13. George Johnson, "Eurisko, the Computer With a Mind of Its Own", Alicia Patterson Foundation", atualizado em 6 de abril de 2011, disponível em: https://aliciapatterson.org/stories/eurisko-computer-mind-its-own.
14. Eric Schulte, Stephanie Forrest e Westley Weimer, "Automated Program Repair through the Evolution of Assembly Code", Anais do *IEEE/ACM International Conference on Automated Software Engineering, ASE '10* (Nova York, Nova York: ACM, 2010), pp. 313–316, disponível em: https://doi.org/10.1145/1858996.1859059.


## CAPÍTULO 7: ATALHOS INFELIZES


1. Marco Tulio Ribeiro, Sameer Singh e Carlos Guestrin, "'Why Should I Trust You?': Explaining the Predictions of Any Classifier", ArXiv:1602.04938 [Cs, Stat], 16 de fevereiro de 2016, disponível em: http://arxiv.org/abs/1602.04938.
2. Luke Oakden-Rayner, "Exploring the ChestXray14 Dataset: Problems", Luke Oakden-Rayner (blog), 18 de dezembro de 2017, disponível em: https://lukeoakdenrayner.wordpress.com/2017/12/18/the-chestxray14-dataset-problems/.

3. David M. Lazer et al., "The Parable of Google Flu: Traps in Big Data Analysis", *Science* 343, no. 6176 (14 de março de 2014): pp. 1203–1205, disponível em: https://doi.org/10.1126/science.1248506.
4. Gidi Shperber, "What I've Learned from Kaggle's Fisheries Competition", *Medium,* 1º de maio de 2017, disponível em: https://medium.com/@gidishperber/what-ive-learned-from-kaggle-s-fisheries-competition-92342f9ca779.
5. J. Bird e P. Layzell, "The Evolved Radio and Its Implications for Modelling the Evolution of Novel Sensors", Anais do *Congress on Evolutionary Computation de 2002, CEC'02 (Cat. No.02TH8600)* vol. 2 (2002 World Congress on Computational Intelligence — WCCI'02, Honolulu, Havaí, EUA: IEEE, 2002): pp. 1836–1841, disponível em: https://doi.org/10.1109/CEC.2002.1004522.
6. Hannah Fry, *Hello World: Being Human in the Age of Algorithms* (Nova York: W. W. Norton & Company, 2018).
7. Lo Bénichou, "The Web's Most Toxic Trolls Live in... Vermont?", *Wired,* 22 de agosto de 2017, disponível em: https://www.wired.com/2017/08/internet-troll-map/.
8. Violet Blue, "Google's Comment-Ranking System Will Be a Hit with the Alt-Right", *Engadget,* 1º de setembro de 2017, disponível em: https://www.engadget.com/2017/09/01/google-perspective-comment-ranking-system/.
9. Jessamyn West (@jessamyn), Twitter, 24 de agosto de 2017, disponível em: https://twitter.com/jessamyn/status/900867154412699649.
10. Robyn Speer, "ConceptNet Numberbatch 17.04: Better, Less-Stereotyped Word Vectors", ConceptNet blog, 24 de abril de 2017, disponível em: http://blog.conceptnet.io/posts/2017/conceptnet-numberbatch-17-04-better-less-stereotyped-word-vectors/.
11. Aylin Caliskan, Joanna J. Bryson e Arvind Narayanan, "Semantics Derived Automatically from Language Corpora Contain Human-like Biases", *Science* 356, n. 6334 (14 de abril de 2017): pp. 183–186, disponível em: https://doi.org/10.1126/science.aal4230.
12. Anthony G. Greenwald, Debbie E. McGhee e Jordan L. K. Schwartz, "Measuring Individual Differences in Implicit Cognition: The Implicit Association Test", *Journal of Personality and Social Psychology* 74 (junho de 1998): pp. 1464–1480.
13. Brian A. Nosek, Mahzarin R. Banaji e Anthony G. Greenwald, "Math = Male, Me = Female, Therefore Math Not = Me", *Journal of Personality and Social Psychology* 83, n. 1 (julho de 2002): pp. 44–59.
14. Speer, "ConceptNet Numberbatch 17.04".
15. Larson et al., "How We Analyzed the COMPAS".
16. Jeff Larson e Julia Angwin, "Bias in Criminal Risk Scores Is Mathe matically Inevitable, Researchers Say", *ProPublica,* 30 de dezembro de 2016, disponível em: https://www.propublica.org/article/bias -in-criminal-risk-scores-is-mathematically-inevitable-researchers-say.
17. James Regalbuto, "Insurance Circular Letter No. 1 (2019)", New York State Department of Financial Services, 18 de janeiro de 2019, disponível em: https://www.dfs.ny.gov/industry_guidance/circular_letters/cl2019_01.
18. Jeffrey Dastin, "Amazon Scraps Secret AI Recruiting Tool That Showed Bias against Women", Reuters, 10 de outubro de 2018, disponível em: https://www.reuters.com/article/us-amazon-com-jobs-automation-insight-idUSKCN1MK08G.

19. James Vincent, "Amazon Reportedly Scraps Internal AI Recruiting Tool That Was Biased against Women", *The Verge*, 10 de outubro de 2018, disponível em: https://www.theverge.com/2018/10/10/17958784/ai-recruiting-tool-bias-amazon-report.

20. Paola Cecchi-Dimeglio, "How Gender Bias Corrupts Performance Reviews, and What to Do About It", *Harvard Business Review*, 12 de abril de 2017, disponível em: https://hbr.org/2017/04/how-gender-bias-corrupts-performance-reviews-and-what-to-do--about-it.

21. Dave Gershgorn, "Companies Are on the Hook If Their Hiring Algorithms Are Biased", *Quartz*, 22 de outubro de 2018, disponível em: https://qz.com/1427621/companies-are-on-the-hook-if-their-hiring-algorithms-are-biased/.

22. Karen Hao, "Police across the US Are Training Crime-Predicting AIs on Falsified Data", *MIT Technology Review*, 13 de fevereiro de 2019, disponível em: https://www.technologyreview.com/s/612957/predictive-policing-algorithms-ai-crime-dirty-data/.

23. Steve Lohr, "Facial Recognition Is Accurate, If You're a White Guy", *The New York Times*, 9 de fevereiro de 2018, disponível em: https://www.nytimes.com/2018/02/09/technology/facial-recognition-race-artificial-intelligence.html.

24. Julia Carpenter, "Google's Algorithm Shows Prestigious Job Ads to Men, but Not to Women. Here's Why That Should Worry You", *Washington Post*, 6 de julho de 2015, disponível em: https://www.washingtonpost.com/news/the-intersect/wp/2015/07/06/googles-algorithm-shows-prestigious-job-ads-to-men-but-not-to--women-heres-why-that-should-worry-you/.

25. Mark Wilson, "This Breakthrough Tool Detects Racism and Sexism in Software", *Fast Company*, 22 de agosto de 2017, disponível em: https://www.fastcompany.com/90137322/is-your-software-secretly-racist-this-new-tool-can-tell.

26. ORCAA, acessado em 3 de agosto de 2019, disponível em: http://www.oneilrisk.com.

27. Faisal Kamiran e Toon Calders, "Data Preprocessing Techniques for Classification without Discrimination", *Knowledge and Information Systems* 33, n. 1 (1° de outubro de 2012): pp. 1–33, disponível em: https://doi.org/10.1007/s10115-011-0463-8.

## CAPÍTULO 8: UM CÉREBRO DE IA É COMO UM CÉREBRO HUMANO?

1. Ha e Schmidhuber, "World Models".

2. Anthony J. Bell e Terrence J. Sejnowski, "The 'Independent Components' of Natural Scenes Are Edge Filters", *Vision Research* 37, n. 23 (1 de dezembro de 1997): pp. 3327–3338, disponível em: https://doi.org/10.1016/S0042-6989(97)00121-1.

3. Andrea Banino et al., "Vector-Based Navigation Using Grid-Like Representations in Artificial Agents", *Nature* 557, n. 7705 (maio de 2018): pp. 429–433, disponível em: https://doi.org/10.1038/s41586-018-0102-6.

4. Bau, et al., "GAN Dissection".

5. Larry S. Yaeger, "Computational Genetics, Physiology, Metabolism, Neural Systems, Learning, Vision, and Behavior or PolyWorld: Life in a New Context", *Santa Fe Institute Studies in the Sciences of Complexity*, v. 17 (Los Alamos, Novo México: Addison-Wesley Publishing Company, 1994), pp. 262–263.

6. Baba Narumi et al., "Trophic Eggs Compensate for Poor Offspring Feeding Capacity in a Subsocial Burrower Bug", *Biology Letters* 7, n. 2 (23 de abril de 2011): 194–196, disponível em: https://doi.org/10.1098/rsbl.2010.0707.

7. Robert M. French, "Catastrophic Forgetting in Connectionist Networks", *Trends in Cognitive Sciences* 3, n. 4 (abril de 1999): pp. 128–135.

8. Jieyu Zhao et al., "Men Also Like Shopping: Reducing Gender Bias Amplification Using Corpus-Level Constraints", ArXiv:1707.09457 [Cs, Stat], 28 de julho de 2017, disponível em: http://arxiv.org/abs/1707.09457.

9. Danny Karmon, Daniel Zoran e Yoav Goldberg, "LaVAN: Localized and Visible Adversarial Noise", ArXiv:1801.02608 [Cs], 8 de janeiro de 2018, disponível em: http://arxiv.org/abs/1801.02608.

10. Andrew Ilyas et al., "Black-Box Adversarial Attacks with Limited Queries and Information", ArXiv:1804.08598 [Cs, Stat], 23 de abril de 2018, disponível em: http://arxiv.org/abs/1804.08598.

11. Battista Biggio et al., "Poisoning Behavioral Malware Clustering", ArXiv:1811.09985 [Cs, Stat], 25 de novembro de 2018, disponível em: http://arxiv.org/abs/1811.09985.

12. Tom White, "Synthetic Abstractions", *Medium,* 23 de agosto de 2018, disponível em: https://medium.com/@tom_25234/synthetic-abstractions-8f0e8f69f390.

13. Samuel G. Finlayson et al., "Adversarial Attacks Against Medical Deep Learning Systems", ArXiv:1804.05296 [Cs, Stat], 14 de abril de 2018, disponível em: http://arxiv.org/abs/1804.05296.

14. Philip Bontrager et al., "DeepMasterPrints: Generating MasterPrints for Dictionary Attacks via Latent Variable Evolution", ArXiv:1705.07386 [Cs], 20 de maio de 2017, disponível em: http://arxiv.org/abs/1705.07386.

15. Stephen Buranyi, "How to Persuade a Robot That You Should Get the Job", *The Observer,* 4 de março de 2018, disponível em: https://www.theguardian.com/technology/2018/mar/04/robots-screen-can didates-for-jobs-artificial-intelligence.

16. Lauren Johnson, "4 Deceptive Mobile Ad Tricks and What Marketers Can Learn From Them", *Adweek,* 16 de fevereiro de 2018, disponível em: https://www.adweek.com/digital/4-deceptive-mobile-ad-tricks-and-what-marketers-can-learn-from-them/.

17. Wieland Brendel e Matthias Bethge, "Approximating CNNs with Bag-of-Local-Features Models Works Surprisingly Well on ImageNet", ArXiv:1904.00760 [Cs, Stat], 20 de março de 2019, disponível em: http://arxiv.org/abs/1904.00760.

## CAPÍTULO 9: BOTS HUMANOS (ONDE VOCÊ ESPERA *NÃO* ENCONTRAR IA?)

1. @yoco68, Twitter, 12 de julho de 2018, disponível em: https://twitter.com/yoco68/status/1017404857190268928.

2. Parmy Olson, "Nearly Half of All 'AI Startups' Are Cashing in on Hype", *Forbes,* 4 de março de 2019, disponível em: https://www.forbes.com/sites/parmyolson/2019/03/04/nearly-half-of-all-ai-startups-are-cashing-in-on-hype/#5b1c4a66d022.

3. Carolyn Said, "Kiwibots Win Fans at UC Berkeley as They Deliver Fast Food at Slow Speeds", *San Francisco Chronicle,* 26 de maio de 2019, disponível em: https://www.sfchronicle.com/business/article/Kiwibots-win-fans-at-UC-Berkeley-as-they-deliver-13895867.php.

4. Olivia Solon, "The Rise of 'Pseudo-AI': How Tech Firms Quietly Use Humans to Do Bots' Work", *The Guardian,* 6 de julho de 2018,

disponível em: https://www.theguardian.com/technology/2018/jul/06/artificial-intelligence-ai-humans-bots-tech-companies.

5. Ellen Huet, "The Humans Hiding Behind the Chatbots", *Bloomberg.com,* 18 de abril de 2016, disponível em: https://www.bloomberg.com/news/articles/2016-04-18/the-humans-hiding-behind-the-chatbots.
6. Richard Wray, "SpinVox Answers BBC Allegations over Use of Humans Rather than Machines", *The Guardian,* 23 de julho de 2009, disponível em: https://www.theguardian.com/business/2009/jul/23/spinvox-answer-back.
7. Becky Lehr (@Breakaribecca), Twitter, 7 de julho de 2018, disponível em: https://twitter.com/Breakaribecca/status/1015787072102289408.
8. Paul Mozur, "Inside China's Dystopian Dreams: A.I., Shame and Lots of Cameras", *New York Times,* 8 de julho de 2018, disponível em: https://www.nytimes.com/2018/07/08/business/china-surveillance-technology.html.
9. Aaron Mamiit, "Facebook AI Invents Language That Humans Can't Understand: System Shut Down Before It Evolves Into Skynet", *Tech Times,* 30 de julho de 2017, disponível em: http://www.techtimes.com/articles/212124/20170730/facebook-ai-invents-language-that-humans-cant-understand-system-shut-down-before-it-evolves-into-skynet.htm.
10. Kyle Wiggers, "Babysitter Screening App Predictim Uses AI to Sniff out Bullies", *VentureBeat* (blog), 4 de outubro de 2018, disponível em: https://venturebeat.com/2018/10/04/babysitter-screening-app-predictim-uses-ai-to-sniff-out-bullies/.
11. Chelsea Gohd, "Here's What Sophia, the First Robot Citizen, Thinks About Gender and Consciousness", *Live Science,* 11 de julho de 2018, disponível em: https://www.livescience.com/63023-sophia-robot-citizen-talks-gender.html. 12. C. D. Martin, "ENIAC: Press Conference That Shook the World", *IEEE Technology and Society Magazine* 14, n. 4 (Inverno de 1995): pp. 3–10, disponível em: https://doi.org/10.1109/44.476631.
13. Alexandra Petri, "A Bot Named 'Eugene Goostman' Passes the Turing Test… Kind Of", *Washington Post,* 9 de junho de 2014, disponível em: https://www.washingtonpost.com/blogs/compost/wp/2014/06/09/a-bot-named-eugene-goostman-passes-the-turing-test-kind-of/.
14. Brian Merchant, "Predictim Claims Its AI Can Flag 'Risky' Babysitters. So I Tried It on the People Who Watch My Kids", *Gizmodo,* 6 de dezembro de 2018, disponível em: https://gizmodo.com/predictim-claims-its-ai-can-flag-risky-babysitters-so-1830913997.
15. Drew Harwell, "AI Start-up That Scanned Babysitters Halts Launch Following Post Report", *Washington Post,* 14 de dezembro de 2018, disponível em: https://www.washingtonpost.com/technology/2018/12/14/ai-start-up-that-scanned-babysitters-halts-launch-following-post-report/.
16. Tonya Riley, "Get Ready, This Year Your Next Job Interview May Be with an A.I. Robot", CNBC, 13 de março de 2018, disponível em: https://www.cnbc.com/2018/03/13/ai-job-recruiting-tools-offered-by-hirevue-mya-other-start-ups.html.
17. Ibid.

## CAPÍTULO 10: UMA PARCERIA HUMANO–IA

1. Thu Nguyen-Phuoc et al., "HoloGAN: Unsupervised Learning of 3D Representations from Natural Images", ArXiv:1904.01326 [Cs], 2 de abril de 2019, disponível em: http://arxiv.org/abs/1904.01326.

2. Drew Linsley et al., "Learning What and Where to Attend", ArXiv:1805.08819 [Cs], 22 de maio de 2018, disponível em: http://arxiv.org/abs/1805.08819.

3. Hector Yee (@eigenhector), Twitter, 14 de setembro de 2018, disponível em: https://twitter.com/eigenhector/status/1040501195989831680.

4. Will Knight, "A Tougher Turing Test Shows That Computers Still Have Virtually No Common Sense", *MIT Technology Review*, 14 de julho de 2016, disponível em: https://www.technologyreview.com/s/601897/tougher-turing-test-exposes-chatbots-stupidity/.

5. James Regalbuto, "Insurance Circular Letter".

6. Abby Ohlheiser, "Trolls Turned Tay, Microsoft's Fun Millennial AI Bot, into a Genocidal Maniac", *Chicago Tribune*, 26 de março de 2016, disponível em: https://www.chicagotribune.com/business/ct-internet-breaks-microsoft-ai-bot-tay-20160326-story.html.

7. Glen Levy, "Google's Bizarre Search Helper Assumes We Have Parakeets, Diarrhea", *Time*, 4 de novembro de 2010, disponível em: http://newsfeed.time.com/2010/11/04/why-why-wont-my-parakeet-eat-my-diarrhea-is-on-google-trends/.

8. Michael Eisen, "Amazon's $23,698,655.93 Book about Flies", It Is NOT Junk (blog), 22 de abril de 2011, disponível em: http://www.michaeleisen.org/blog/?p=358.

9. Emilio Calvano et al., "Artificial Intelligence, Algorithmic Pricing, and Collusion", VoxEU (blog), 3 de fevereiro de 2019, disponível em: https://voxeu.org/article/artificial-intelligence-algorithmic-pricing-and-collusion.

10. Solon, "The Rise of 'Pseudo-AI'".

11. Gale M. Lucas et al., "It's Only a Computer: Virtual Humans Increase Willingness to Disclose", *Computers in Human Behavior* 37 (1º de agosto de 2014): pp. 94–100, disponível em: https://doi.org/10.1016/j.chb.2014.04.043.

12. Liliana Laranjo et al., "Conversational Agents in Healthcare: A Systematic Review", *Journal of the American Medical Informatics Association* 25, n. 9 (1º de setembro de 2018): pp.1248–1258, disponível em: https://doi.org/10.1093/jamia/ocy072.

13. Margi Murphy, "Artificial Intelligence Will Detect Child Abuse Images to Save Police from Trauma", *The Telegraph*, 18 de dezembro de 2017, disponível em: https://www.telegraph.co.uk/technology/2017/12/18/artificial-intelligence-will-detect-child-abuse-images-save/.

14. Adam Zewe, "In Automaton We Trust", Harvard School of Engineering and Applied Science, 25 de maio de 2016, disponível em: https://www.seas.harvard.edu/news/2016/05/in-automaton-we-trust.

15. David Streitfeld, "Computer Stories: A.I. Is Beginning to Assist Novelists", *New York Times*, 18 de outubro de 2018, disponível em: https://www.nytimes.com/2018/10/18/technology/ai-is-beginning-to-assist-novelists.html.

# Sobre a autora

**Janelle Shane** é doutora em engenharia elétrica e mestre em física. No site aiweirdness.com [conteúdo em inglês], ela escreve sobre inteligência artificial e como os algoritmos entendem errado as questões humanas de maneiras hilariantes e às vezes perturbadoras. Ela foi nomeada uma das 100 Pessoas Mais Criativas em Negócios pela *Fast Company* e foi palestrante do TED Talks em 2019. Seu trabalho foi publicado no *New York Times, Slate, The New Yorker, The Atlantic, Popular Science* e muito mais. Ela quase certamente não é um robô.

# Índice

## D



## E



## F

## G



## H



## I

## U



## V



## W



## X



## Y

**Projetos corporativos e edições personalizadas** dentro da sua estratégia de negócio. Já pensou nisso?

**Coordenação de Eventos**
Viviane Paiva
viviane@altabooks.com.br

**Assistente Comercial**
Fillipe Amorim
vendas.corporativas@altabooks.com.br

A Alta Books tem criado experiências incríveis no meio corporativo. Com a crescente implementação da educação corporativa nas empresas, o livro entra como uma importante fonte de conhecimento. Com atendimento personalizado, conseguimos identificar as principais necessidades, e criar uma seleção de livros que podem ser utilizados de diversas maneiras, como por exemplo, para fortalecer relacionamento com suas equipes/ seus clientes. Você já utilizou o livro para alguma ação estratégica na sua empresa?

Entre em contato com nosso time para entender melhor as possibilidades de personalização e incentivo ao desenvolvimento pessoal e profissional.

PUBLIQUE
**SEU LIVRO**

Publique seu livro com a Alta Books.
Para mais informações envie um e-mail para: autoria@altabooks.com.br

/altabooks /alta-books /altabooks /altabooks

CONHEÇA OUTROS LIVROS DA **ALTA BOOKS**

Todas as imagens são meramente ilustrativas.

ALTA LIFE · ALTA NOVEL · ALTA CULT · ALTA BOOKS EDITORA · alta club

ROTAPLAN
GRÁFICA E EDITORA LTDA
Rua Álvaro Seixas, 165
Engenho Novo - Rio de Janeiro
Tels.: (21) 2201-2089 / 8898
E-mail: rotaplanrio@gmail.com